技工院校"十三五"规划教材

极限配合与技术测量基础

窦一曼　主编

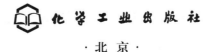

化学工业出版社

·北京·

本书的主要内容包括：光滑圆柱结合的公差与配合、几何公差、表面结构要求、螺纹结合的公差、常用计量器具、典型工件的检测。

本书作为中等职业技术学校机械类冷加工专业教材，也可作为机电一体化等相关专业教材，同时也可作为自学及培训用书。

图书在版编目（CIP）数据

极限配合与技术测量基础/窦一曼主编. —北京：
化学工业出版社，2016.6（2024.2 重印）
技工院校"十三五"规划教材
ISBN 978-7-122-26899-0

Ⅰ.①极… Ⅱ.①窦… Ⅲ.①公差-配合-技工学校-
教材②技术测量-技工学校-教材 Ⅳ.①TG801

中国版本图书馆 CIP 数据核字（2016）第 085994 号

责任编辑：廉 静 蔡洪伟 装帧设计：关 飞
责任校对：吴 静

出版发行：化学工业出版社（北京市东城区青年湖南街 13 号 邮政编码 100011）
印 装：北京天宇星印刷厂
787mm×1092mm 1/16 印张 9¼ 字数 216 千字 2024 年 2 月北京第 1 版第 3 次印刷

购书咨询：010-64518888（传真：010-64519686） 售后服务：010-64518899
网 址：http://www.cip.com.cn
凡购买本书，如有缺损质量问题，本社销售中心负责调换。

定 价：24.00 元 版权所有 违者必究

前 言

极限配合与技术测量基础是机械类专业的一门重要的专业基础课，该课程的任务在于使学生获得机械技术人员必备的互换性与检测方面的基础知识和基本技能。

极限配合与技术测量基础课程包括"极限配合"与"技术测量"两大部分。前者属标准化范畴，侧重理论应用；后者属计量学范畴，侧重实际操作。本课程就是将两者有机结合起来的一门实践性很强的专业基础课。机械专业的学生毕业后要在机械制造及相关行业生产第一线从事技术工作，就业时应具备几何量公差与测量技术方面的基本理论和知识，具备确定生产图样上的技术要求以及产品常规检测的基本技能。本课程的目标是以培养学生专业技术应用能力为核心，围绕职业需求，理论知识坚持"实用为主、够用为度"，加强实践操作，强调学生的实际读图能力、动手能力和对具体问题的分析和解决能力。

极限配合与技术测量基础重点介绍公差配合与测量技术的基本术语、基本理论和相关知识。全书内容包括绪论、光滑圆柱结合的公差与配合、几何公差、表面结构要求、螺纹结合的公差、常用计量器具、典型工件的检测共六个模块。

全书由窦一曼担任主编，张仕俊、周桂英、徐燕担任副主编，焦长玉、王静、周光源、李琛、王方凯、倪宝培参与全书编写工作。

在此，对在本次教材的编写中刘兆慧老师和李莹老师给予的帮助表示感谢！同时，恳切希望广大读者对教材提出宝贵的意见和建议，以便修订时加以完善。

编者

2016 年 2 月

目 录

绪　论

知识点： 》》》

　　① 本课程的性质和任务；
　　② 互换性的概念，互换性在机械制造中的重要作用；
　　③ 几何量误差的概念，几何量测量的作用。

一、本课程的性质与任务

　　极限配合与测量技术基础是机械类、仪器仪表类和机电相结合类的各专业必修的主干专业基础课，起着联系基础课和专业课的桥梁作用，也起着联系设计类课程和制造工艺类课程的纽带作用。

　　本课程主要研究精度设计及机械加工误差的有关问题和几何形状测量中的一些问题，这是一门实践性很强的课程。

　　本课程的任务是：了解互换性的重要性，熟悉极限与配合的基本概念，掌握极限配合标准的主要内容，了解各种典型的测量方法和常用计量器具的使用，为正确地理解和绘制设计图样及正确地表达设计思想打下良好的基础。

　　本课程的内容在生产实践中应用广泛、实践性强，它由极限配合与技术测量两部分组成。本课程的基本理论是精度理论，研究的对象是零部件几何参数的互换性。

二、互换性的概念

　　在机械工业生产中，互换性是指制成的同一规格的一批零件或部件中，任取其一，不需做任何挑选、调整或辅助加工（如钳工修配），就能进行装配，并能满足机械产品的使用性能要求的一种特性。例如，如图 0-1 所示，人们经常使用的电动车和汽车的零部件，就是按互换性原则生产的，这些零部件是由分布在全国甚至是全世界的专业零部件生产厂家加工的，然后汇集到电动车、汽车厂的装配生产线上，快速完成装配，供人们使用。

　　在工业及日常生活中到处都能遇到互换性。例如，机器上丢了一个螺钉，可以按相同的规格装上一个；灯泡坏了，可以换个新的；自行车、机床的零部件磨损了，也可以换个相同规格的新的零部件，即能满足使用要求。

互换性在产品设计、制造、使用和维修等方面有着极其重要的作用。

在设计方面，可以最大限度地采用标准件、通用件和标准部件，大大简化制图和计算等工作，缩短设计周期，并有利于用计算机进行辅助设计。

在制造方面，互换性有利于组织专业化生产，有利于采用先进工艺和高效率的设备，便于用计算机辅助制造，有利于实现加工过程和装配过程的机械化、自动化，从而提高劳动生产率，提高产品质量，降低生产成本。

在使用维修方面，可以方便地及时更换那些已经磨损或损坏了的零部件，因此可以减少机器的维修时间和费用，保证机器能连续而持久地正常运转，从而提高机器的使用寿命和使用价值。

综上所述，在机械制造中，遵循互换性原则，不仅能大大提高劳动生产率，而且能有效保证产品质量和降低成本。

图 0-1 电动车、汽车装配生产线

三、几何量误差、公差和测量

允许零件几何参数的变动量称为公差。工件的误差在公差范围内，为合格件；超出了公差范围，为不合格件。

完工后的零件是否满足公差要求，要通过检测加以判断。检测包含检验与测量。几何量的检验是指确定零件的几何参数是否在规定的极限范围内，并作出合格性判断，而不必得出被测量的具体数值，例如用塞尺（图 0-2）检验配合件的间隙；测量是将被测量与作为计量单位的标准量进行比较，以确定被测量的具体数值的过程，例如用游标卡尺（图 0-3）测量工件。

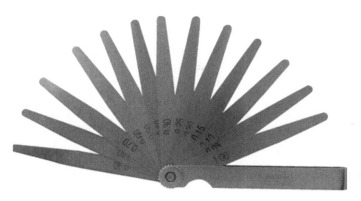

图 0-2 塞尺

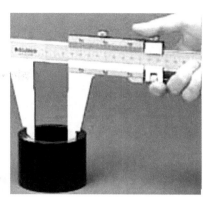

图 0-3 游标卡尺

模块一

光滑圆柱结合的公差与配合

任务一
认识孔和轴的基本术语及定义

知识点： >>>

① 孔和轴的概念；

② 尺寸的概念；

③ 公称尺寸、实际（组成）要素、极限尺寸的概念及其关系；

④ 尺寸极限偏差、公差的概念及其与极限尺寸的关系。

一、概述

光滑圆柱体结合是机械制造中应用最广泛的一种结合形式。现代化的机械工业，要求机械零件具有互换性，"极限"用于协调机器零件使用要求与制造经济性之间的矛盾，而"配合"则反映零件组合时相互之间的关系。"极限"与"配合"的标准化，有利于机器的设计、制造、使用和维修，有利于保证机械零件的精度、使用性能和寿命等要求，也有利于刀具、量具、机床等工艺装备的标准化。

孔和轴

（1）孔

通常指工件的圆柱形内表面，也包括非圆柱形内表面（由二平行平面或切面形成的包容面）。

（2）轴

通常指工件的圆柱形外表面，也包括非圆柱形外表面（由二平行平面或切面形成的被包容面）。

从装配关系讲，孔是包容面，轴是被包容面。从加工过程看，随着余量的切除，孔的尺寸由小变大，轴的尺寸由大变小。如图 1-1 所示。

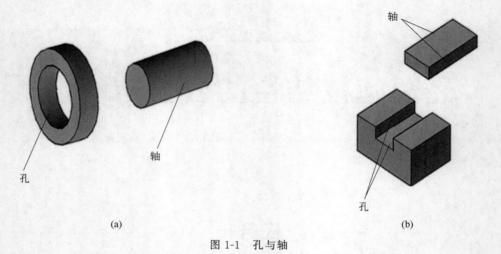

| (a) | | (b) |

图 1-1　孔与轴

二、有关尺寸的术语

1. 尺寸

尺寸是以特定单位表示线性尺寸值的数值。

在机械制造中，常用 mm（毫米）作为特定单位，在书写或标注尺寸时，可以只写数字不写单位。

2. 公称尺寸（D、d）

公称尺寸是由设计给定的，如图 1-2 所示，$\phi25\text{mm}$ 为销轴直径的公称尺寸，$\phi30\text{mm}$ 为孔直径的公称尺寸。

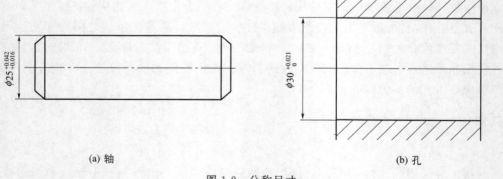

(a) 轴　　　　　　　　　　　　　　　　(b) 孔

图 1-2　公称尺寸

孔的公称尺寸用 D 表示，轴的公称尺寸 d 表示。国家标准规定：大写字母表示孔的有关代号，小写字母表示轴的有关代号。

3. 实际（组成）要素（D_a，d_a）

通过测量获得的尺寸称为实际（组成）要素。孔和轴的实际（组成）要素分别用 D_a 和 d_a 表示。由于存在加工误差，零件同一表面上不同位置的实际（组成）要素不一定相等。如图 1-3 所示。

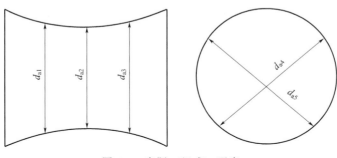

图 1-3　实际（组成）要素

4. 极限尺寸

极限尺寸是一个孔或轴允许的尺寸的两个极端。其中允许的最大尺寸称为上极限尺寸，允许的最小尺寸称为下极限尺寸。孔和轴的上极限尺寸分别用 D_{max} 和 d_{max} 表示，孔和轴的下极限尺寸分别用 D_{min} 和 d_{min} 表示。

极限尺寸是以公称尺寸为基数来确定的，它可以大于、等于或小于公称尺寸。公称尺寸可以在极限尺寸确定的范围内，也可以在极限尺寸所确定的范围外。例如，如图 1-4 所示的极限尺寸。

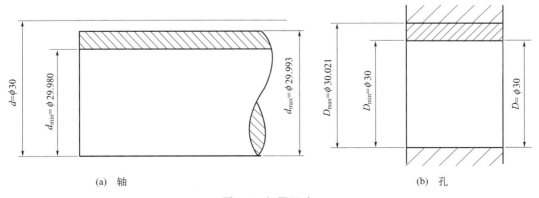

(a) 轴　　　　　　　　　　　　　　　(b) 孔

图 1-4　极限尺寸

其中：

轴的公称尺寸 $d = \phi 30\text{mm}$

轴的上极限尺寸 $d_{max} = \phi 29.993\text{mm}$

轴的下极限尺寸 $d_{min} = \phi 29.980\text{mm}$

孔的公称尺寸 $D = \phi 30\text{mm}$

孔的上极限尺寸 $D_{max} = \phi 30.021\text{mm}$

孔的下极限尺寸 $D_{min}=\phi30mm$

加工后的实际（组成）要素合格的条件：下极限尺寸≤实际（组成）要素≤上极限尺寸，即

孔：$D_{min} \leqslant D_a \leqslant D_{max}$

轴：$d_{min} \leqslant d_a \leqslant d_{max}$

三、偏差和公差

1. 偏差

偏差是某一尺寸，如实际（组成）要素、极限尺寸等减其公称尺寸所得的代数差。

2. 实际偏差

实际偏差是实际（组成）要素减其公称尺寸所得的代数差。

孔的实际偏差：$E_a=D_a-D$

轴的实际偏差：$e_a=d_a-d$

3. 极限偏差

极限偏差是极限尺寸减其公称尺寸所得的代数差，如图1-5所示。

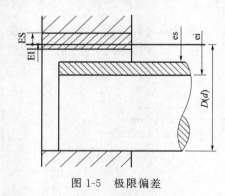

图 1-5　极限偏差

上极限偏差：上极限尺寸减其公称尺寸所得的代数差。

孔：$ES=D_{max}-D$ （1-1）

轴：$es=d_{max}-d$

下极限偏差：下极限尺寸减其公称尺寸所得的代数差。

孔：$EI=D_{min}-D$

轴：$ei=d_{min}-d$ （1-2）

极限偏差用于控制实际偏差。完工后零件尺寸的合格条件常用偏差的关系式表示如下：

孔的尺寸合格条件　　　$EI \leqslant E_a \leqslant ES$

轴的尺寸合格条件　　　$ei \leqslant e_a \leqslant es$

极限偏差尺寸标注：公称尺寸$^{上极限偏差}_{下极限偏差}$

特别要注意的几点如下。

① 上极限偏差＞下极限偏差；

② 上、下极限偏差应以小数点对齐；

③ 若上、下极限偏差不等于 0，则应注意标出正负号；

④ 若偏差为零时，必须在相应的位置上标注"0"，不能省略；

⑤ 当上、下极限偏差数值相等而符号相反时，应简化标注，如 $\phi40\pm0.008$。

例如，$\phi40_{-0.02}^{0}$、$\phi50_{+0.030}^{+0.040}$、$\phi60_{-0.030}^{0}$、$\phi65_{-0.042}^{-0.020}$。

【例 1-1】 如图 1-6 所示，某孔直径的公称尺寸 $D=\phi50\text{mm}$，上极限尺寸 $D_{\max}=\phi50.048\text{mm}$，下极限尺寸 $D_{\min}=\phi50.009\text{mm}$，求孔的上极限偏差 ES 和下极限偏差 EI。

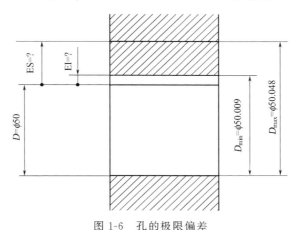

图 1-6　孔的极限偏差

解　由公式（1-1）、式（1-2）得

$ES=D_{\max}-D=50.048-50=+0.048\text{mm}$

$EI=D_{\min}-D=50.009-50=+0.009\text{mm}$

【例 1-2】 如图 1-7 所示，计算轴 $\phi60_{-0.012}^{+0.018}\text{mm}$ 的极限尺寸。若该轴加工后测得的实际（组成）要素为 $\phi60.012\text{mm}$，试判断该零件尺寸是否合格。

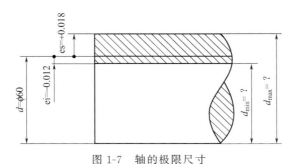

图 1-7　轴的极限尺寸

解　方法一：

由式（1-1）、式（1-2）得

$d_{\max}=d+es=\phi60+(+0.018)=\phi60.018\text{mm}$

$d_{\min}=d+ei=\phi60+(-0.012)=\phi59.988\text{mm}$

$\phi59.988<\phi60.012<\phi60.018$

所以该轴合格。

方法二：

$$e_a = d_a - d = \phi 60.012 - \phi 60 = +0.012\text{mm}$$
$$-0.012 < +0.012 < +0.018$$

所以该轴合格。

4. 尺寸公差（简称公差）

公差是允许尺寸的变动量。其关系式表示如下

孔的公差：$T_h = | D_{max} - D_{min} | = | ES - EI |$ (1-3)

轴的公差：$T_s = | d_{max} - d_{min} | = | es - ei |$ (1-4)

公差是控制误差的，加工误差是不可避免的。显然公差不能为零，更不能为负。

【例 1-3】 如图 1-8 所示，求孔 $\phi 20^{+0.10}_{+0.02}$mm 的尺寸公差。

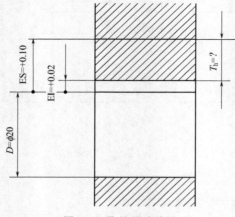

图 1-8 孔的尺寸公差

解 由式（1-3）得

$$T_h = | ES - EI | = | +0.10 - (+0.02) | = 0.08\text{mm}$$

【例 1-4】 如图 1-9 所示，轴公称尺寸为 $\phi 40$mm，上极限尺寸为 $\phi 39.991$mm，尺寸公差为 0.025mm。求其下极限尺寸、上极限偏差和下极限偏差。

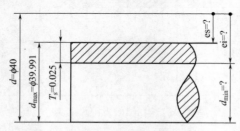

图 1-9 轴的极限尺寸、极限偏差

解 由式（1-1）得

$$es = d_{max} - d = \phi 39.991 - \phi 40 = -0.009\text{mm}$$

由式（1-3）得

$$ei = es - T_s = -0.009 - 0.025 = -0.034\text{mm}$$

由公式（1-2）得

$$d_{\min} = d + \text{ei} = \phi 40 + (-0.034) = \phi 39.966\text{mm}$$

任务二
画公差带图

知识点： »»»

① 公差带图；
② 公差带图的画法。

一、公差带图

公差带图是极限与配合示意如图 1-10 所示的简化画法。公差带图，如图 1-11 所示，可更加直观地反映孔轴的公称尺寸、极限尺寸、极限偏差和公差之间的关系。所以，公差带图是一种非常重要的专业基础语言和工具，必须熟练掌握。

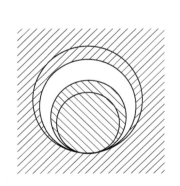
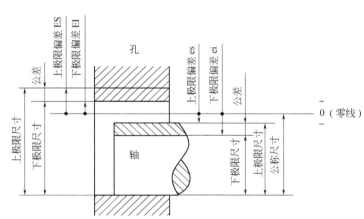

图 1-10　极限与配合示意图

二、画公差带图

1. 零线

零线是在公差带图中，表示公称尺寸的一条直线，以其为基准确定偏差和公差。通常零线沿水平方向绘制，正偏差位于其上，负偏差位于其下。在画公差带图时，注上相应的符号"0""＋"和"－"号，并在零线下方画上带单箭头的尺寸线，标上公称尺寸值。

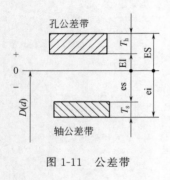

图 1-11　公差带

图 1-12　绘制尺寸公差带

2. 公差带

在公差带图解中，由代表上极限偏差和下极限偏差或上极限尺寸和下极限尺寸的两条直线所限定的一个区域。

公差带沿零线方向的长度可适当选取。为了区别，在同一图中，孔和轴的公差带的剖面线的方向应该相反。

尺寸公差带的要素有两个：公差带大小和公差带的位置。公差带大小由公差值确定，公差带的位置由靠近零线的上极限偏差或下极限偏差确定。

【例 1-5】　绘出孔 $\phi30^{+0.021}_{0}$ mm 和轴 $\phi30^{-0.020}_{-0.033}$ mm 的公差带图。

解　① 作出零线：即沿水平方向画出一条直线并标上"0""+"和"−"号，然后在零线左下方画上单向尺寸线，标上公称尺寸值 $\phi30$。

② 作出上下极限偏差线：首先根据偏差值大小选定采用 500∶1 的比例（若偏差值较小时可选 1000∶1），画孔的上、下极限偏差线；因为孔的上极限偏差为 +0.021mm，故在零线上方画出上极限偏差线；下极限偏差为零，故下极限偏差与零线重合。

同理，再画轴的上、下极限偏差线。

③ 在孔、轴上下极限偏差线左右两侧分别画垂直于偏差线的线段，将孔轴公差带封闭成矩形，这两条垂直线之间的距离没有具体规定，可酌情而定。为了明显区别，孔轴公差带内剖面线的方向应相反，疏密程度不同，并在相应部位分别注出孔、轴上下极限偏差值。

本题结果如图 1-12 所示。

任务三
认识配合

知识点： ▶▶▶

① 配合的概念；

② 能根据孔和轴公差带位置或极限偏差确定配合的种类；

③ 配合间隙和过盈的计算。

一、配合的术语及其定义

1. 配合

公称尺寸相同的，相互结合的孔和轴公差带之间的关系称为配合。

相互配合的孔和轴其公称尺寸应该是相同的。孔、轴公差带之间的不同关系，决定了孔、轴结合的松紧程度，也就是决定了孔、轴的配合性质。

2. 间隙或过盈

孔的尺寸减去相配合的轴的尺寸为正称为间隙，一般用 X 表示，其数值前应标"＋"号；孔的尺寸减去相配合的轴的尺寸为负称为过盈，一般用 Y 表示，其数值前应标"－"号。

3. 配合的类型

根据形成间隙或过盈的情况，配合分为三类，即间隙配合、过渡配合和过盈配合。

（1）间隙配合

具有间隙（包括最小间隙等于零）的配合称为间隙配合。此时，孔的公差带在轴的公差带之上，如图 1-13 所示。

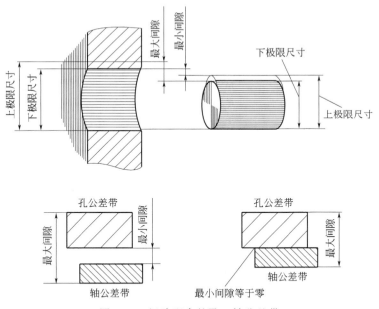

图 1-13　间隙配合的孔、轴公差带

当孔为上极限尺寸而与其相配的轴为下极限尺寸时，配合处于最松状态。此时的间隙称为最大间隙，用 X_{max} 表示。当孔为下极限尺寸而与其相配的轴为上极限尺寸，配合处于最紧状态，此时的间隙称为最小间隙，用 X_{min} 表示。

计算公式如下

$$X_{max} = D_{max} - d_{min} = ES - ei \tag{1-5}$$

$$X_{\min} = D_{\min} - d_{\max} = EI - es \tag{1-6}$$

【例1-6】 孔 $\phi 30^{+0.021}_{0}$ mm 和轴 $\phi 30^{-0.020}_{-0.033}$ mm 相配合，试判断配合类型，若为间隙配合，试计算其极限间隙。

解 由图 1-13 可以看出该组孔轴为间隙配合

由公式（1-5）、式（1-6）得

$$X_{\max} = ES - ei = +0.021 - (-0.033) = +0.054 \text{mm}$$

$$X_{\min} = EI - es = 0 - (-0.020) = +0.020 \text{mm}$$

（2）过盈配合

具有过盈（包括最小过盈等于零）的配合称为过盈配合。此时，孔的公差带在轴的公差带之下，如图 1-14 所示。

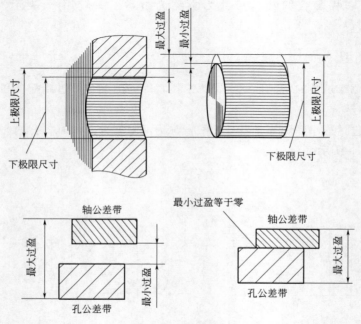

图 1-14 过盈配合

当孔为下极限尺寸而与其相配的轴为上极限尺寸，配合处于最紧状态。此时的过盈称为最大过盈，用 $Y_{\max}$ 表示。当孔为上极限尺寸而与其相配的轴为下极限尺寸，配合处于最松状态。此时的过盈称为最小过盈，用 $Y_{\min}$ 表示。

计算公式如下

$$Y_{\min} = D_{\max} - d_{\min} = ES - ei \tag{1-7}$$

$$Y_{\max} = D_{\min} - d_{\max} = EI - es \tag{1-8}$$

【例1-7】 孔 $\phi 30^{+0.025}_{0}$ mm 和轴 $\phi 30^{+0.042}_{+0.026}$ mm 相配合，试判断其配合类型，并计算其极限间隙或极限过盈。

解 作孔轴公差带图，如图 1-15 所示。

由图可以看出该组孔轴为过盈配合

由式（1-7）、式（1-8）得

$$Y_{\min} = ES - ei = +0.025 - (+0.026) = -0.001 \text{mm}$$

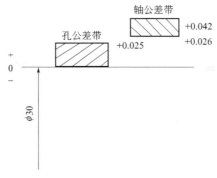

图 1-15　过盈配合

$$Y_{\max} = \text{EI} - \text{es} = 0 - (+0.042) = -0.042\text{mm}$$

（3）过渡配合

可能具有间隙或过盈的配合。此时，孔的公差带与轴的公差带相互交叠，如图 1-16 所示。

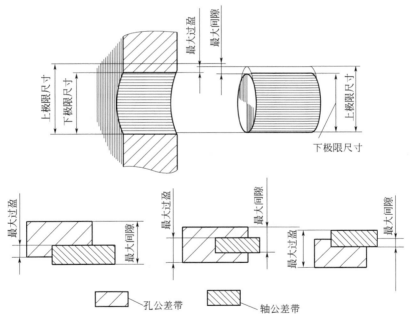

图 1-16　过渡配合的孔轴公差带

当孔的尺寸大于轴的尺寸时，具有间隙。当孔为上极限尺寸，而轴为下极限尺寸时，配合处于最松状态，此时的间隙为最大间隙。当孔的尺寸小于轴的尺寸时，具有过盈。当孔为下极限尺寸，而轴为上极限尺寸时，配合处于最紧状态，此时的过盈为最大过盈。

计算公式如下

$$X_{\max} = D_{\max} - d_{\max} = \text{ES} - \text{ei}$$
$$Y_{\max} = D_{\min} - d_{\max} = \text{EI} - \text{es}$$

【**例 1-8**】　孔 $\phi 45^{+0.025}_{0}$ mm 和轴 $\phi 45^{+0.018}_{+0.002}$ mm 相配合，试判断配合类型，并计算其极限

间隙或极限过盈。

解 作孔轴公差带图，如图 1-17 所示。

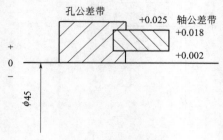

图 1-17 过渡配合

由图可以看出该组孔轴为过渡配合

由公式（1-5）、式（1-8）得

$X_{max}=ES-ei=+0.025-(+0.002)=+0.023mm$

$Y_{max}=EI-es=0-(+0.018)=-0.018mm$

4. 配合公差（T_f）

组成配合的孔、轴公差之和称为配合公差。它是允许间隙或过盈的变动量。

在间隙配合中　　$T_f=|X_{max}-X_{min}|=T_h+T_s$

在过盈配合中　　$T_f=|Y_{min}-Y_{max}|=T_h+T_s$　　　　　　　　　（1-9）

在过渡配合中　　$T_f=|X_{max}-Y_{max}|=T_h+T_s$

配合公差的大小反映了配合精度的高低，对一具体的配合，配合公差越大，配合时形成的间隙或过盈的变化量就越大，配合后松紧变化程度就越大，配合精度就越低。反之，配合精度高。因此，要想提高配合精度，就要减小孔、轴的尺寸公差。

任务四
认识基本偏差

知识点： >>>

　　① 基本偏差；
　　② 基本偏差代号。

一、基本偏差

1. 基本偏差及其代号

（1）基本偏差

国家标准《极限与配合》中所规定的，用以确定公差带相对于零线位置的上极限偏差或下极限偏差，称为基本偏差。

基本偏差一般是指靠近零线的那个偏差。如图 1-18 所示。当公差带在零线上方时，其基本偏差为下极限偏差；当公差带在零线下方时，基本偏差为上极限偏差。当公差带的某一偏差为零时，此偏差自然就是基本偏差。有的公差带相对于零线是完全对称的，则基本偏差可为上极限偏差，也可为下极限偏差。例如 $\phi40\pm0.019$mm 的基本偏差可为上极限偏差 $+0.019$mm，也可为下极限偏差 -0.019mm。

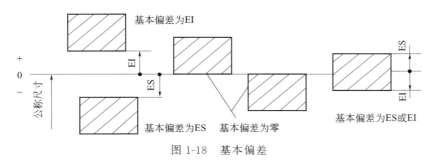

图 1-18　基本偏差

（2）基本偏差代号

基本偏差代号用拉丁字母表示，大写字母表示孔的基本偏差，小写字母表示轴的基本偏差。孔和轴各有 28 个基本偏差代号，见表 1-1。

表 1-1　孔和轴的基本偏差代号

孔	A	B	C	D	E	F	G	H	J	K	M	N	P	R	S	T	U	V	X	Y	Z			
			CD		EF	FG		JS														ZA	ZB	ZC
轴	a	b	c	d	e	f	g	h	j	k	m	n	p	r	s	t	u	v	x	y	z			
			cd		ef	fg		js														za	zb	zc

2. 基本偏差系列图及其特征

如图 1-19 所示为基本偏差系列图，它表示公称尺寸相同的 28 种孔、轴的基本偏差相对零线的位置关系。此图只表示公差带位置，不表示公差带大小。所以，图中公差带只画了靠近零线的一端，另一端是开口的，开口端的极限偏差由标准公差确定。

从基本偏差系列图可以看出以下几点。

① 孔和轴同字母的基本偏差相对零线基本呈对称分布。轴的基本偏差从 a～h 的基本偏差为上偏差 es，h 的基本偏差为零，其余均为负值，它们的绝对值依次逐渐减小。轴的基本偏差从 j～zc 为下极限偏差 ei，除 j 和 k 的部分外（当代号为 k 且 IT≤3 或 IT＞7 时，基本偏差为零）都为正值，其绝对值依次逐渐增大。孔的基本偏差从 A～H 为下极限偏差 EI，从 J～ZC 为上极限偏差 ES，其正负号情况与轴的基本偏差正负号情况相反。

② 基本偏差代号为 JS 和 js 的公差带，在各公差等级中完全对称于零线，但为统一起见，在基本偏差数值表中将 js 划归为上偏差，将 JS 划归为下偏差。

③ 代号 k、K 和 N 随公差等级的不同而基本偏差数值有两种不同的情况（K、k 可为正值或零值，N 可为负值或零值），而代号 M 的基本偏差数值随公差等级不同则有三种不同的

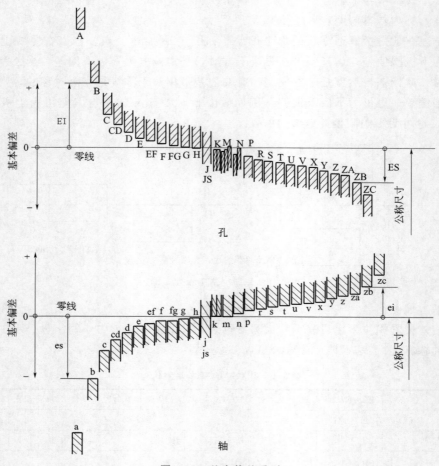

图 1-19　基本偏差系列

情况（正值、负值或零值）。

④ 代号 j、J 及 P～ZC 的基本偏差数值与公差等级有关。

任务五
识读公差带及配合

知识点：>>>

① 尺寸公差带代号，能根据公称尺寸和公差带代号使用两表（标准公差数值表和基本偏差数值表）确定极限偏差，掌握极限偏差表的查表方法；

② 基孔制和基轴制配合的特点及配合代号；

③ 线性尺寸的一般公差和温度条件。

一、公差带

1. 标准公差

国家标准《极限与配合》中所规定的任一公差称为标准公差。

标准公差数值表见表 1-2。从表中可以看出，标准公差的数值与两个因素有关，即标准公差等级和公称尺寸分段。

表 1-2　标准公差数值

基本尺寸/mm		标准公差等级																		
大于	至	IT01	IT0	IT1	IT2	IT3	IT4	IT5	IT6	IT7	IT8	IT9	IT10	IT11	IT12	IT13	IT14	IT15	IT16	IT17	IT18
		μm												mm							
—	3	0.3	0.5	0.8	1.2	2	3	4	6	10	14	25	40	60	0.1	0.14	0.25	0.4	0.6	1	1.4
3	6	0.4	0.6	1	1.5	2.5	4	5	8	12	18	30	48	75	0.12	0.18	0.3	0.48	0.75	1.2	1.8
6	10	0.4	0.6	1	1.5	2.5	4	6	9	15	22	36	58	90	0.15	0.22	0.36	0.58	0.9	1.5	2.2
10	18	0.5	0.8	1.2	2	3	5	8	11	18	27	43	70	110	0.18	0.27	0.43	0.7	1.1	1.8	2.7
18	30	0.6	1	1.5	2.5	4	6	9	13	21	33	52	84	130	0.21	0.33	0.52	0.84	1.3	2.1	3.3
30	50	0.7	1	1.5	2.5	4	7	11	16	25	39	62	100	160	0.25	0.39	0.62	1	1.6	2.5	3.9
50	80	0.8	1.2	2	3	5	8	13	19	30	46	74	120	190	0.3	0.46	0.74	1.2	1.9	3	4.6
80	120	1	1.5	2.5	4	6	10	15	22	35	54	87	140	220	0.35	0.54	0.87	1.4	2.2	3.5	5.4
120	180	1.2	2	3.5	5	8	12	18	25	40	63	100	160	250	0.4	0.63	1	1.6	2.5	4	6.3
180	250	2	3	4.5	7	10	14	20	29	46	72	115	185	290	0.46	0.72	1.15	1.85	2.9	4.6	7.2
250	315	2.5	4	6	8	12	16	23	32	52	81	130	210	320	0.52	0.81	1.3	2.1	3.2	5.2	8.1
315	400	3	5	7	9	13	18	25	36	57	89	140	230	360	0.57	0.89	1.4	2.3	3.6	5.7	8.9
400	500	4	6	8	10	15	20	27	40	63	97	155	250	400	0.63	0.97	1.55	2.5	4	6.3	9.7

注：基本尺寸小于或等于 1mm 时，无 IT14 至 IT18。

（1）标准公差等级

确定尺寸精确程度的等级称为公差等级。不同零件和零件上不同部位的尺寸，对精确程度的要求往往不同，为了满足生产的需要，国家标准设置了 20 个公差等级，各级标准公差的代号为 IT01、IT0、IT1、IT2、…、IT18，"IT"表示标准公差，其后的阿拉伯数字表示公差等级。IT01 精度最高，其余依次降低，IT18 精度最低。其关系如下：

高 ←————————— 公差等级 —————————→ 低

小 ┈ IT01　IT0　IT1　IT2　IT3　……　IT18 ┈ 大
同一基本尺寸的标准公差值

特别提示：公差等级是划分尺寸精确程度高低的标志。虽然在同一公差等级中，不同公称尺寸对应不同的标准公差数值，但这些尺寸被认为具有同等的精确程度。

公差等级高，零件的精度高，使用性能提高，但加工难度大，生产成本高；公差等级低，零件的精度低，使用性能降低，但加工难度减小，生产成本低。因而要同时考虑零件的使用要求和加工的经济性能这两个因素，合理确定公差等级。

（2）公称尺寸分段

从理论上讲，同一公差等级的标准公差数值也应随公称尺寸的增大而增大。

尺寸分段后，同一尺寸段内所有的公称尺寸，在相同公差等级的情况下，具有相同的公差值。例如，公称尺寸 40mm 和 50mm 都在 >30～50mm 尺寸段，两尺寸的 IT7 数值均为 0.025mm。

2. 公差带代号

孔、轴公差带代号由基本偏差代号与公差等级数字组成。例如，孔公差带代号　H9、D9、B11、S7、T7；轴公差带代号 h6、d8、k6、s6、u6。

（1）图样上标注尺寸公差的方法

图样上标注尺寸公差时，可用公称尺寸与公差带代号表示；也可用公称尺寸与极限偏差表示；还可用公称尺寸与公差带代号、极限偏差共同表示。

例如：轴 $\phi16d9$ 也可用 $\phi16\binom{-0.050}{-0.093}$ 或 $\phi16d9\binom{-0.050}{-0.093}$ 表示；

孔 $\phi40G7$ 也可用 $\phi40^{+0.034}_{+0.009}$ 或 $\phi40G7\binom{+0.034}{+0.009}$ 表示。

（2）几种标注方法比较

$\phi40G7$ 只标注公差带代号的方法，它表示

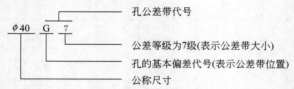

这种方法，能清楚地表示公差带的性质，但基本偏差值要查表，适用于大批量的生产要求。

$\phi40^{+0.034}_{+0.009}$ 只标注上、下极限偏差数值的方法，适用于单件或小批量的生产要求。

$\phi40G7\binom{+0.034}{+0.009}$ 是公差带代号与极限偏差值共同标注的方法，适用于批量不定的生产要求。

二、孔、轴极限偏差数值的确定

1. 基本偏差的数值

如前所述，基本偏差确定公差带的位置，国家标准对孔和轴各规定了 28 种基本偏差，国家标准中列出了轴的基本偏差数值表（见附表一）和孔的基本偏差数值表（见附表二）。

2. 另一极限偏差的确定

基本偏差决定了公差带中的一个极限偏差，即靠近零线的那个极限偏差，从而确定了公差带的位置，而另一个极限偏差的数值，可由极限偏差和标准公差的关系式进行计算。

轴　　es＝ei＋IT　或　ei＝es－IT　　　　　　　　　　　　　　　　　　（1-10）

孔　　ES＝EI＋IT　或　EI＝ES－IT　　　　　　　　　　　　　　　　　（1-11）

【例 1-9】　查表确定下列各尺寸的标准公差和基本偏差，并计算另一极限偏差。

（1）$\phi10e7$　　（2）$\phi45D8$　　（3）$\phi70R6$

解

① $\phi 10e7$ 代表轴，从附表一可查到 e 的基本偏差为上极限偏差，其数值为

$$es = -25\mu m = -0.025mm$$

从表 1-2 中可查到标准公差数值为

$$IT = 15\mu m = 0.015mm$$

代入式（1-10）可得另一极限偏差为

$$ei = es - IT = -0.025 - 0.015 = -0.040mm$$

② $\phi 45D8$ 代表孔，从附表二可查到 D 的基本偏差为下极限偏差，其数值为

$$EI = +80\mu m = +0.080mm$$

从表 1-2 中可查到标准公差数值为

$$IT = 39\mu m = 0.039mm$$

代入式（1-11）可得另一极限偏差为

$$ES = EI + IT = +0.080 + 0.039 = +0.119mm$$

③ $\phi 70R6$ 代表孔，从附表二可查到 R 的基本偏差为上极限偏差，其数值为

$$ES = -43 + \Delta = -43 + 6 = -37\mu m = -0.037mm$$

从表 1-2 中可查到标准公差数值为

$$IT = 19\mu m = 0.019mm$$

代入式（1-11）可得另一极限偏差为

$$EI = ES - IT = -0.037 - 0.019 = -0.056mm$$

3. 极限偏差表

上述计算方法在实际应用中较为麻烦，所以国家标准《极限与配合》中列出了轴的极限偏差数值表（见附表三）和孔的极限偏差数值表（见附表四）。利用查表的方法，能很快地确定孔和轴的两个极限偏差数值。

查表时仍由公称尺寸查行，由基本偏差代号和公差等级查列，行与列相交处的框格有上下两个偏差数值，上方的为上极限偏差，下方的为下极限偏差。

【例 1-10】 已知孔 $\phi 25H8$ 与轴 $\phi 25f7$ 相配合，查表确定孔和轴的极限偏差，并计算极限尺寸和公差，画出公差带图（见图 1-20）。判断配合类型，求配合的极限盈隙及配合公差。

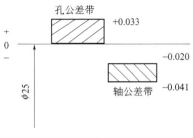

图 1-20　公差带图解

解　从附表四查到孔 $\phi 25H8$ 的极限偏差为 $^{+33}_{\ \ 0}\mu m$，即孔的尺寸为 $\phi 25^{+0.033}_{\ \ \ \ 0}mm$

$$D_{max} = D + ES = 25 + 0.033 = 25.033mm$$

$$D_{min} = D + EI = 25 + 0 = 25mm$$

$$T_h = |\,ES-EI\,| = |\,0.033-0\,| = 0.033mm$$

从附表三查到轴 $\phi 25f7$ 的极限偏差为 $^{-20}_{-41}\mu m$，即轴的尺寸为 $\phi 25^{-0.020}_{-0.041}mm$

$$d_{max} = d+es = 25+(-0.020) = 24.980mm$$
$$d_{min} = d+ei = 25+(-0.041) = 24.959mm$$
$$T_s = |\,es-ei\,| = |\,-0.020-(-0.041)\,| = 0.021mm$$

孔和轴的公差带图如图 1-20 所示，可以看出，孔的公差带在轴的公差带之上，此配合为间隙配合。

$$X_{max} = ES-ei = +0.033-(-0.041) = +0.074mm$$
$$X_{min} = EI-es = 0-(-0.020) = +0.020mm$$
$$T_f = |\,X_{max}-X_{min}\,| = |\,0.074-0.020\,| = 0.054mm$$

或　$T_f = T_h+T_s = 0.033+0.021 = 0.054mm$

【例 1-11】 已知孔 $\phi 65R6$ 与轴 $\phi 65h5$ 相配合，查表确定孔和轴的极限偏差，并计算极限尺寸和公差，画出公差带图。判断配合类型，求配合的极限盈隙及配合公差。

解

从附表四查到孔 $\phi 65R6$ 的极限偏差为 $^{-35}_{-54}\mu m$，即孔的尺寸为 $\phi 65R6^{-0.035}_{-0.054}mm$。

$$D_{max} = D+ES = 65+(-0.035) = 64.965mm$$
$$D_{min} = D+EI = 65+(-0.054) = 64.956mm$$
$$T_h = |\,ES-EI\,| = |\,(-0.035)-(-0.054)\,| = 0.019mm$$

从附表三查到轴 $\phi 65h5$ 的极限偏差为 $^{0}_{-13}\mu m$，即轴的尺寸为 $\phi 65^{0}_{-0.013}mm$。

$$d_{max} = d+es = 65+0 = 65mm$$
$$d_{min} = d+ei = 65+(-0.013) = 64.987mm$$
$$T_s = |\,es-ei\,| = |\,0-(-0.013)\,| = 0.013mm$$

孔和轴的公差带图如图 1-21 所示，从图中可以看出，孔的公差带在轴的公差带之下，此配合为过盈隙配合。

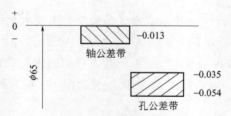

图 1-21　公差带图解

$$X_{max} = ES-ei = +0.033-(-0.041) = +0.074mm$$
$$X_{min} = EI-es = 0-(-0.020) = +0.020mm$$
$$T_f = |\,X_{max}-X_{min}\,| = |\,0.074-0.020\,| = 0.054mm$$
或 $T_f = T_h+T_s = 0.033+0.021 = 0.054mm$

三、配合

1. 配合制

配合的性质由相配合的孔和轴公差带的相对位置决定，因而改变孔和轴的公差带位置，就可以得到不同性质的配合。从理论上讲，任何一种孔的公差带和任何一种轴的公差带都可以形成一种配合。但为了便于应用，国家标准对孔和轴的公差带之间的相互关系规定了两种基准制，即基孔制和基轴制。

（1）基孔制配合

基本偏差为一定的孔的公差带，与不同基本偏差的轴的公差带形成各种配合的一种制度称为基孔制。

基孔制中的孔是配合的基准件，称为基准孔。基准孔的基本偏差代号为"H"，它的基本偏差为下极限偏差，其数值为零，上极限偏差为正值，其公差带位于零线上方并紧邻零线，如图 1-22 所示。图中基准孔的上极限偏差用细虚线画出，以表示其公差带大小随不同公差等级变化。

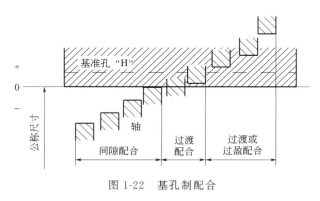

图 1-22　基孔制配合

基孔制中的轴是非基准件，由于轴的公差带相对于零线可有各种不同的位置，因而可形成各种不同性质的配合。

（2）基轴制配合

基本偏差为一定的轴的公差带，与不同基本偏差的孔的公差带形成各种配合的一种制度称为基轴制。

基轴制中的轴是配合的基准件，称为基准轴。基准轴的基本偏差代号为"h"，它的基本偏差为上极限偏差，其数值为零，下极限偏差为负值，其公差带位于零线下方并紧邻零线，如图 1-23 所示。图中基准轴的下极限偏差用细虚线画出，以表示其公差带大小随不同公差等级变化。

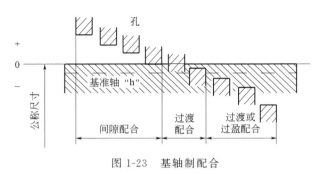

图 1-23　基轴制配合

基轴制中的孔是非基准件，由于孔的公差带相对于零线可有各种不同的位置，因而可形成各种不同性质的配合。

2. 配合代号

国家标准规定：配合代号用孔、轴公差带代号的组合表示，写成分数形式，分子为孔的公差带代号，分母为轴的公差带代号，如 H8/f7 或 $\frac{H8}{f7}$。在图样上标注时，配合代号标注在公称尺寸之后，如 $\phi50H8/f7$ 或 $\phi50\frac{H8}{f7}$，其含义是：公称尺寸为 $\phi50mm$，孔的公差带代号为 H8，轴的公差带代号为 f7，为基孔制间隙配合。

习 题

1. 什么是公称尺寸、极限尺寸和实际要素？
2. 什么是尺寸公差、极限偏差和实际偏差？
3. 什么是标准公差？什么是基本偏差？
4. 配合有哪几种？简述各种配合的特点。
5. 计算出下表中空格处数值，并按规定填写在表中。

公称尺寸	上极限尺寸	下极限尺寸	上极限偏差	下极限偏差	公差	尺寸标注
孔 $\phi12$	12.050	12.032				
轴 $\phi60$			+0.072		0.019	
孔 $\phi30$		29.959			0.021	
轴 $\phi80$			−0.010	−0.056		
孔 $\phi50$				−0.034	0.039	
孔 $\phi40$						$\phi40^{+0.014}_{-0.011}$
轴 $\phi70$	69.970				0.074	

6. 判断下列各组配合的类别，并计算配合的极限间隙或极限过盈及配合公差。

(1) 孔为 $\phi60^{+0.030}_{0}$，轴为 $\phi60^{-0.010}_{-0.029}$

(2) 孔为 $\phi70^{+0.030}_{0}$，轴为 $\phi70^{+0.030}_{+0.010}$

(3) 孔为 $\phi90^{+0.035}_{0}$，轴为 $\phi90^{+0.113}_{+0.091}$

(4) 孔为 $\phi100^{+0.090}_{+0.036}$，轴为 $\phi100^{0}_{-0.054}$

7. 使用标准公差数值表和基本偏差数值表，确定下列各公差带代号的公差值大小和基本偏差值大小，并计算另一极限偏差值的大小。

(1) $\phi32d9$ (2) $\phi80p6$ (3) $\phi120v7$ (4) $\phi70h11$

(5) $\phi28k7$ (6) $\phi280m6$ (7) $\phi40C11$ (8) $\phi40M8$

(9) $\phi25Z6$ (10) $\phi30JS6$ (11) $\phi35P7$ (12) $\phi60J6$

8. 说明下列配合符号所表示的基准制，公差等级和配合类别（间隙配合、过渡配合或过盈配合），并查表计算其极限间隙或极限过盈，画出其尺寸公差带图。

    （1）$\phi 25 H7/g6$ （2）$\phi 40 K7/h6$

    （3）$\phi 15 JS8/g7$ （4）$\phi 50 S8/h8$

9. 什么是基孔制？什么是基轴制？

10. 配合代号是如何组成的？举例说明。

模块二

几何公差

任务一
了解几何公差的相关知识

知识点：>>>

① 与几何公差有关的各种几何要素的定义及其特点；

② 几何公差的项目分类、项目名称及对应的符号；

③ 几何公差的定义。

一、零件的几何要素

任何零件不论其结构特征如何，都是由一些简单的几何要素——点、线、面所组成。构成零件的具有几何特征的点、线、面就称为零件的几何要素。如图 2-1 所示的零件就是由各自要素组成的几何体。它是由顶点、中心点、中心线、圆柱面、球面、圆锥面和平面等要素组成。

零件的几何要素的分类

（1）按存在的状态分

① 理想要素：具有几何意义的要素，绝对准确，不存在任何几何误差，用来表达设计的理想要求，在实际生产中是不可能得到的。

② 实际要素：零件上实际存在的要素，由于加工误差的存在，实际要素具有几何误差。标准规定：零件实际要素在测量时用测得要素来代替。

（2）按在几何公差中所处的地位分

① 被测要素：图样上给出了形状或（和）位置公差的要素。

② 基准要素：用来确定被测要素的方向或（和）位置的要素。

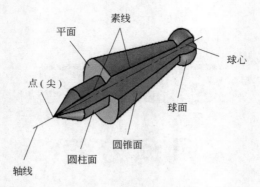

図 2-1　零件的几何要素

（3）按几何特征分

① 组成要素：构成零件外形的点、线、面，是可见的，能直接为人们所感觉到的，如图 2-1 中的圆柱面、球面、圆锥面、平面等。

② 导出要素：表示组成要素的对称中心的点、线、面，虽不可见，不能直接为人们所感觉到，但可通过相应的组成要素来模拟体现，如图 2-1 中的轴线、球心。

二、几何公差的项目及符号

几何公差可分为：形状公差、方向公差、位置公差和跳动公差。

几何公差的项目及符号见表 2-1。

表 2-1　几何公差的项目名称和符号

公差类型	几何特征	符号	有无基准
形状公差	直线度	—	无
	平面度	▱	无
	圆度	○	无
	圆柱度	⌭	无
	线轮廓度	⌒	无
	面轮廓度	⌓	无
方向公差	平行度	//	有
	垂直度	⊥	有
	倾斜度	∠	有
	线轮廓度	⌒	有
	面轮廓度	⌓	有

公差类型	几何特征	符号	有无基准
位置公差	位置度	$\bigoplus$	有或无
	同轴度 （用于轴线）	$\bigodot$	有
	同心度 （用于中心点）	$\bigodot$	有
	对称度	$=$	有
	线轮廓度	$\frown$	有
	面轮廓度	$\bigcirc$	有
跳动公差	圆跳动	$\nearrow$	有
	全跳动	$\nearrow\!\!\nearrow$	有

三、几何公差带

几何公差带是用来限制被测实际要素形状、方向与位置变动的区域。几何公差带四要素：几何公差带的大小、形状、方向和位置。

1. 公差带的形状

几何公差带的形状较多，主要有以下几种，如图 2-2 所示。

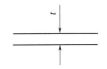

(a) 两平行直线之间的区域

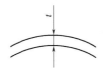

(b) 两等距曲线之间的区域

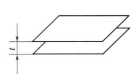

(c) 两平行平面之间的区域

(d) 两等距曲面之间的区域

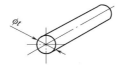

(e) 圆柱面内的区域

(f) 两同心圆之间的区域

(g) 圆内的区域

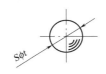

(h) 球面的区域

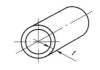

(i) 两同轴圆柱面之间的区域

图 2-2　公差带的形状

2. 公差带的大小

几何公差带的大小是指公差带的宽度、直径或半径差的大小，它由图样上给定的几何公差值确定。

任务二
识读几何公差的代号及其标注方法

国标规定，在图样中几何公差的标注一般采用代号标注，如表 2-1 所示。

一、几何公差的代号和基准符号

1. 几何公差的代号

几何公差代号包括：几何公差框格和指引线，几何公差有关项目的符号，几何公差数值和其他有关符号，基准字母和其他有关符号等。

几何公差框格分成两格或多格式，框格内从左到右填写以下内容，如图 2-3 所示。

第一格填写几何公差项目的符号。

第二格填写公差数值和有关符号。

第三格和以后各格填写基准字母和有关符号。

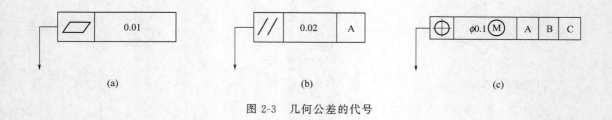

(a)　　　　　　　　　　　(b)　　　　　　　　　　　(c)

图 2-3　几何公差的代号

2. 基准符号

在几何公差的标注中，基准符号由一个基准方格（方格内写有表示基准的英文大写字母）和涂黑的（或空白的）基准三角形，用细实线连接而构成。如图 2-4 所示。

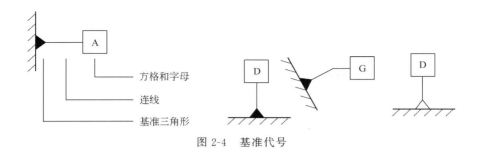

图 2-4　基准代号

二、被测要素的标注方法

用带箭头的指引线将被测要素与公差框格一端相连，指引线的箭头应指向被测要素公差带的宽度或直径方向。

标注时应注意以下几点。

① 几何公差框格应水平或垂直地绘制。

② 指引线原则上从框格一端的中间位置引出。

③ 当被测要素为组成要素时，指引线的箭头应指向该要素的轮廓或轮廓的延长线，并应与尺寸线明显错开。如图 2-5 所示。

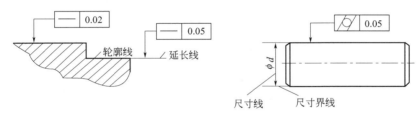

图 2-5　被测要素为组成要素时的标注

④ 当被测要素为导出要素时，指引线的箭头应与该要素的尺寸线对齐。如图 2-6 所示。

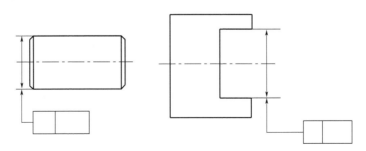

图 2-6　被测要素为导出要素时的标注

⑤ 当同一被测要素有多项几何公差要求且测量方向相同时，可以将这些框格绘制在一起，只画一条指引线。如图 2-7 所示。

⑥ 当多个被测要素有相同的几何公差要求时，可以从框格引出的指引线上画出多个指引箭头，并分别指向各被测要素。如图 2-8 所示。

⑦ 为了说明形位公差框格中所标注的形位公差的其他附加要求，或为了简化标注方法，

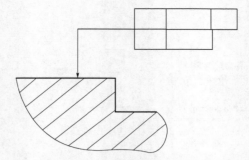

图 2-7 同一被测要素有多项几何公差要求时的标注

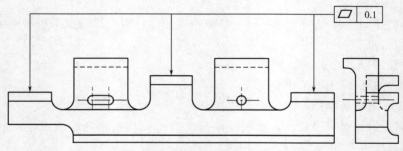

图 2-8 不同被测要素有相同几何公差要求时的标注

可以在框格的下方或上方附加文字说明。凡用文字说明属于被测要素数量的，应写在公差框格的上方；凡属于解释性说明的应写在公差框格的下方，如图 2-9 所示。

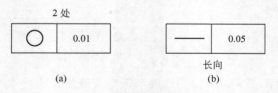

图 2-9 几何公差的附加说明

三、基准要素的标注方法

基准要素采用基准符号标注，并从几何公差框格中的第三格起，填写相应的基准符号字母，基准符号中的连线应与基准要素垂直。无论基准符号在图样中方向如何，方格内字母应水平书写。如图 2-10 所示。

用基准符号在标注时还应注意以下几点。

① 当基准要素是组成要素时，基准符号的连线应置于轮廓线或其延长线上（应与尺寸线明显地错开），如图 2-11 所示。

② 当基准要素是导出要素时，则基准符号的连线与尺寸线对齐，如图 2-12 所示。

③ 基准要素为公共轴线时的标注。在图 2-13 中，基准要素为左端外圆 $\phi30h6$ 的轴线 A 与右端外圆 $\phi30h6$ 的轴线 B 组成的公共轴线 A—B。

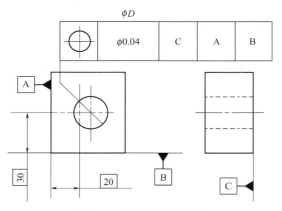

图 2-10　基准要素的标注

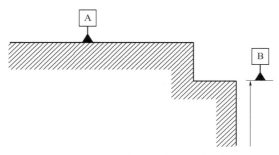

图 2-11　基准要素是组成要素时的标注

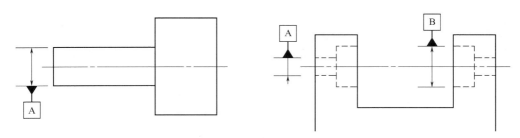

图 2-12　基准要素的标注

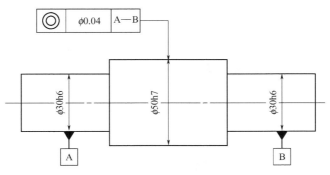

图 2-13　基准要素为公共轴线时的标注

四、几何公差标注中的有关问题

① 公差框格中所标注的公差值如无附加说明，则被测范围为箭头所指的整个组成要素或导出要素。

② 如果被测范围仅为被测要素的一部分时，应用粗点划线画出该范围，并标出尺寸。其标注方法如图 2-14 所示。

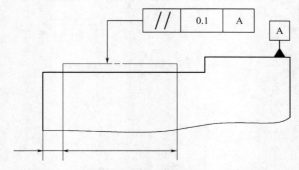

图 2-14　被测范围为部分被测要素时的标注

③ 若需给出被测要素任一固定长度上（或范围）的公差值时，其标注方法如图 2-15 所示。

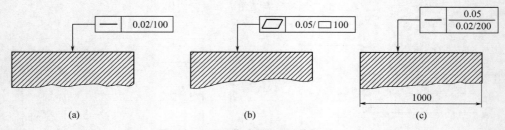

图 2-15　公差值有附加说明时的标注

图 2-15(a) 表示在任一 100mm 长度上的直线度公差值为 0.02mm。

图 2-15(b) 表示在任一 100mm×100mm 正方形面积内，平面度公差值为 0.05mm。

图 2-15(c) 表示在 1000mm 全长上的直线度公差为 0.05mm，在任一 200mm 直线度公差值为 0.02mm。

④ 给定的公差带形状为圆或圆柱时，应在公差数值前加注"ϕ"；当给定的公差带形状为球时，应在公差数值前加注"$S\phi$"。如图 2-16 所示。

图 2-16　公差值带为圆、圆柱或球时的标注

⑤ 几何公差有附加要求时，应在相应的公差数值后加注有关符号，见表 2-2。

表 2-2　几何公差附加符号

含义	符号	举例
只许中间向材料内凹下	(—)	$t(—)$
只许中间向材料外凸起	(+)	$t(+)$
只许从左至右减小	(▷)	$t(▷)$
只许从右至左减小	(◁)	$t(◁)$

任务三
识读形状公差的标注

知识点： >>>

① 形状公差各项目的含义及应用；

② 常见形状公差标注的含义及其公差带的特点。

形状公差是单一实际被测要素对其理想要素的允许变动量。表示单一实际被测要素允许变动的区域，只控制被测要素的形状误差；形状公差不涉及基准，形状公差带的方位可以浮动。形状公差涉及的要素是线和面。形状公差带只有形状和大小的要求。

一、直线度公差

直线度公差用来限制被测实际直线相对理想直线的变动。被测直线可以是平面内的直线、直线回转体（圆柱、圆锥）上的素线、平面间的交线和轴线等。根据零件的功能要求不同，可分别提出给定平面内、给定方向上和任意方向的直线度要求。

1. 给定平面内的直线度

图 2-17 标注表示，零件上表面的直线度公差为 0.1mm。公差带为距离为公差值 0.1mm 的两平行直线间的区域。

2. 给定方向上的直线度

图 2-18 标注表示，在垂直方向上棱线的直线度公差为 0.02mm，公差带距离为公差值 0.02mm 的两平行平面之间的区域。

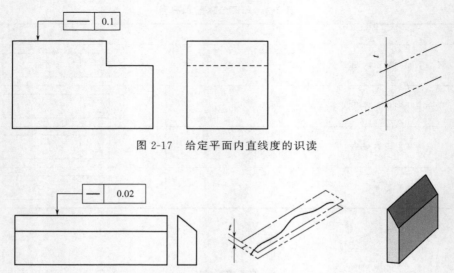

图 2-17　给定平面内直线度的识读

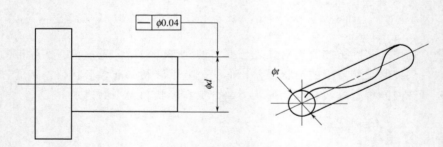

图 2-18　给定方向上直线度的识读

3. 任意方向上的直线度

任意方向是指绕着直线在 360°的范围内的任何一个方向。

图 2-19 标注表示，直径为 d 的外圆，其轴线的直线度公差为 $\phi 0.04\text{mm}$，公差带为直径为公差值 $\phi 0.04\text{mm}$ 的圆柱面内的区域。

图 2-19　任意方向上的直线度的识读

二、平面度公差

平面度公差用来限制实际平面相对理想平面的变动，用于平面的形状精度要求。

图 2-20 标注表示，上表面的平面度公差为 0.1mm，公差带为距离为公差值 0.1mm 的两平行平面之间的区域。

三、圆度公差

圆度公差用来限制实际圆相对理想圆的变动。圆度公差用于对回转体表面（圆柱面、圆锥面和曲线回转体）任一正截面内的圆轮廓提出形状精度要求。

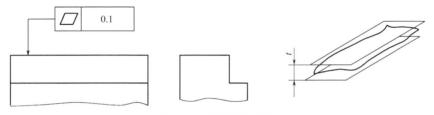

图 2-20　平面度的识读

图 2-21 标注表示，直径为 ϕ 圆柱面的圆度公差为 0.02mm，公差带为在任一正截面上半径差为公差值 0.02mm 的两同心圆之间的区域。

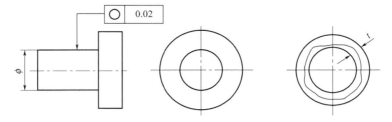

图 2-21　圆柱面圆度的识读

图 2-22 标注表示，圆锥面的圆度公差为 0.1mm，公差带为在任一正截面上半径差为公差值 0.1mm 的两同心圆之间的区域。

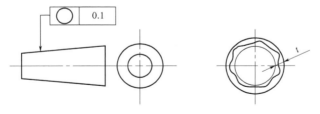

图 2-22　圆锥面圆度的识读

注意：圆度公差的被测要素为圆锥面时，框格的指引线必须垂直于轴线。

四、圆柱度公差

圆柱度公差用来限制实际圆柱面相对理想圆柱面的变动。圆柱度公差可以对圆柱面所有正截面和纵截面方向提出综合性形状精度要求。因此，圆柱度公差可以同时控制圆度、素线直线度和两条素线平行度等项目的误差。

图 2-23 标注表示，直径为 ϕ 圆柱面的圆柱度公差为 0.05mm，公差带为半径差为公差值 0.05mm 的两同轴圆柱面之间的区域。

五、线轮廓度公差（无基准）

线轮廓度公差（无基准）用来限制实际平面曲线对其理想曲线的变动。它是对非圆曲线

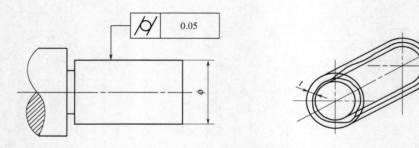

图 2-23 圆柱度的识读

提出的形状精度要求。

无基准时，理想轮廓的形状由理论正确尺寸确定，其位置是不确定的。

理论正确尺寸（TED）：确定被测要素的理想形状、理想方向或理想位置的尺寸（角度）。该尺寸（角度）不带公差，标注在方框中，如图 2-24 中的 $R35$、$2 \times R10$ 和 30。

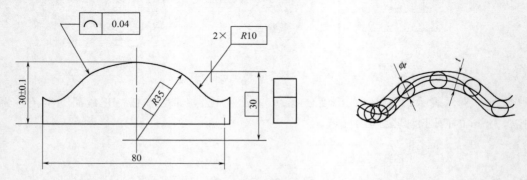

图 2-24　线轮廓度（无基准）的识读

图 2-24 标注表示，外形轮廓的线轮廓度公差为 0.04mm，公差带为包络一系列直径为公差值 0.04mm 的圆的两包络线之间的区域，诸圆圆心应位于理论正确几何形状上。

六、面轮廓度公差（无基准）

面轮廓度公差（无基准）用来限制实际曲面对其理想曲面的变动，它是对零件上曲面提出的精度要求。理想曲面由理论正确尺寸确定。面轮廓度是一项综合公差，它既控制面轮廓

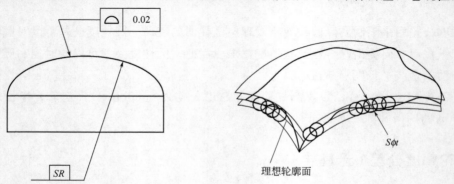

图 2-25　面轮廓度（无基准）的识读

度误差，又可控制曲面上任一截面轮廓的线轮廓度误差。

图 2-25 标注表示，上表面的面轮廓度公差为 0.02mm，公差带为包络一系列直径为公差值 0.02mm 的球的两包络线之间的区域，诸球球心应位于理论正确几何形状上。

任务四
识读方向公差的标注

知识点：>>>

① 方向公差各项目的含义及应用；

② 常见方向公差标注的含义及其公差带的特点。

方向公差限制实际被测要素相对基准要素在方向上的变动。

方向公差的被测要素和基准一般为平面或轴线，因此，方向公差有面对面、线对面、面对线和线对线公差等。

一、平行度公差

被测要素与基准的理想方向成 0°角。

1. 面对面的平行度

图 2-26 标注表示，上表面对基准面 A 的平行度公差为 0.05mm。公差带为距离为公差值 0.05mm 且平行于基准面的两平行平面间的区域。

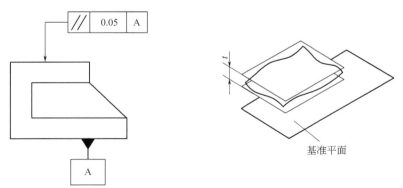

图 2-26　面对面平行度的识读

2. 面对线的平行度

图 2-27 标注表示，上表面对基准轴线 A 的平行度公差为 0.05mm。公差带为距离为公

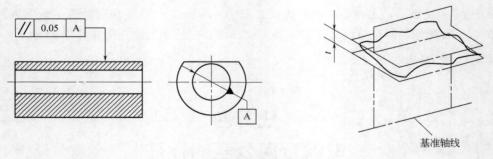

图 2-27　面对线平行度的识读

差值 0.05mm 且平行于基准轴线的两平行平面间的区域。

3. 线对面的平行度

图 2-28 标注表示，被测孔轴线对基准面 A 的平行度公差为 0.03mm。公差带为距离为公差值 0.03mm 且平行于基准面的两平行平面间的区域。

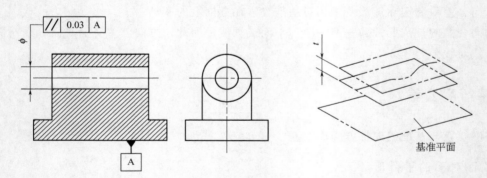

图 2-28　线对面平行度的识读

4. 线对线的平行度

图 2-29(a) 标注表示，被测孔轴线对基准轴线 A 的平行度公差为 0.2mm。公差带为距离为公差值 0.2mm 且平行于基准轴线的两平行平面之间的区域。

图 2-29(b) 标注表示，被测孔轴线对基准轴线 A 的平行度公差为 ϕ0.1mm。公差带为直径为 0.1mm 且轴线平行于基准轴线的圆柱面内的区域（注意公差值前应加注 ϕ）。

二、垂直度公差

被测要素与基准的理想方向成 90°角。

1. 面对面的垂直度

图 2-30 标注表示，右平面对基准平面 A 的垂直度公差为 0.08mm。公差带为距离为公差值 0.08mm 且垂直于基准平面的两平行平面之间的区域。

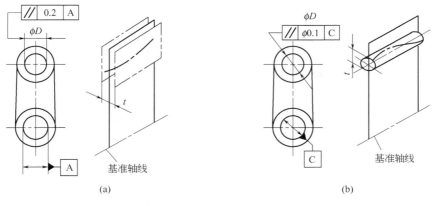

图 2-29　线对线平行度的识读

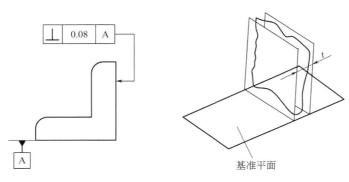

图 2-30　面对面垂直度的识读

2. 面对线的垂直度

图 2-31 标注表示，左端面对基准轴线 A 的垂直度公差为 0.05mm。公差带为距离为公差值 0.05mm 且垂直于基准轴线的两平行平面之间的区域。

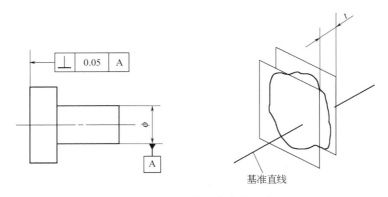

图 2-31　面对线垂直度的识读

三、倾斜度公差

被测要素与基准的理想方向成任意角度。

1. 面对面的倾斜度

图 2-32 标注表示，斜面对基准面 A 的倾斜度公差为 0.08mm。公差带为距离为公差值 0.08mm，且与基准平面 A 成 45°角的两平行平面之间的区域。

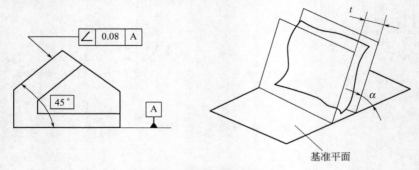

图 2-32　面对面倾斜度的识读

2. 面对线的倾斜度

图 2-33 标注表示，斜面对基准轴线 B 的倾斜度公差为 0.05mm。公差带为距离为公差值 0.05mm，且与基准轴线成 60°角的两平行平面之间的区域。

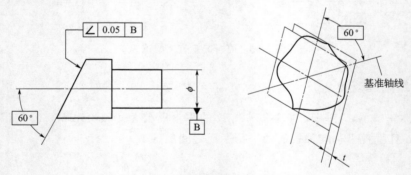

图 2-33　面对线倾斜度的识读

四、线轮廓度公差（有基准）

理想轮廓线的形状、方向由理论正确尺寸和基准确定。

图 2-34 标注表示，外形轮廓相对基准 A 的线轮廓度公差为 0.04mm。公差带为包络一系列直径为公差值 0.04mm 的圆的两包络线之间的区域，诸圆圆心应位于由基准平面 A 确定的被测要素理论正确几何形状上。

五、面轮廓度公差（有基准）

理想轮廓面的形状、方向由理论正确尺寸和基准确定。

图 2-35 标注表示，上椭圆面相对基准 A 的面轮廓度公差为 0.02mm。公差带为包络一

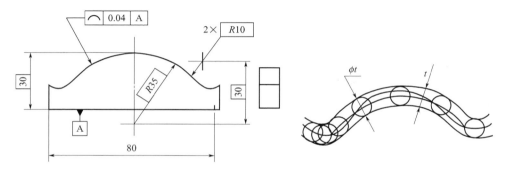

图 2-34 线轮廓度公差（有基准）的识读

系列直径为公差值 0.02mm 的球的两等距包络面之间的区域，诸球球心应位于由基准平面 A 确定的被测要素理论正确几何形状上。

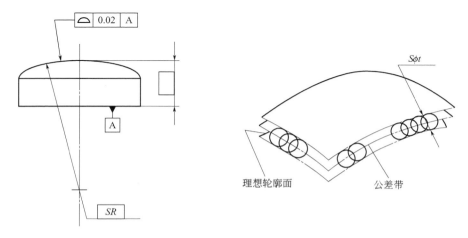

图 2-35 面轮廓度公差（有基准）的识读

注意：方向公差带相对基准有确定的方向，而其位置往往是浮动的。方向公差带具有综合控制被测要素的方向和形状的功能。因此在保证功能要求的前提下，规定了方向公差的要素，一般不再规定形状公差，只有需要对该要素的形状有进一步要求时，则可同时给出形状公差，但其公差数值应小于方向公差值。

任务五
识读位置公差的标注

知识点： ▶▶▶

① 位置公差各项目的含义及应用；
② 常见位置公差标注的含义及其公差带的特点。

位置公差限制实际被测要素相对于基准要素在位置上的变动。它用来控制点、线或面的位置误差。理想要素的位置由基准及理论正确尺寸（角度）确定。公差带相对于基准有确定位置。位置公差项目有位置度、同心度、同轴度、对称度、线轮廓度和面轮廓度。

一、位置度公差

要求被测要素对一基准体系保持一定的位置关系。

由三个相互垂直的平面组成的三基面体系，一般以面积最大、定位稳定的平面为第一基准，依次为第二基准和第三基准，如图 2-36 所示。盘类零件常采用一端面和中心轴线组成的基准体系，如图 2-37 所示。

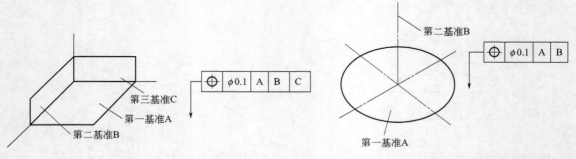

图 2-36　位置度公差的三基面体系　　　　图 2-37　盘类零件位置度公差的基准体系

图 2-38 标注表示，ϕD 球的球心对基准轴线 A 和基准平面 B 的位置度公差为 $\phi 0.1$mm。公差带为直径为公差值 0.1mm 且球心应位于与基准轴线 A 重合且与基准平面 B 距离为理论正确尺寸的圆球内的区域。

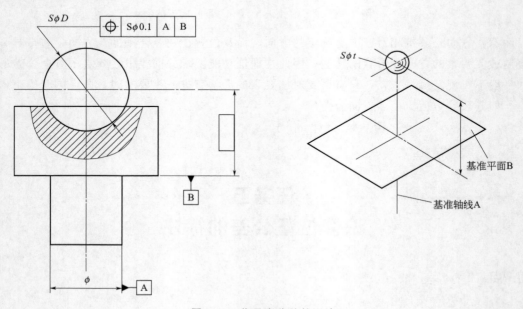

图 2-38　位置度公差的识读

图 2-39 标注表示，ϕD 孔的轴线对三基准平面 A、B、C 的位置度公差为 $\phi 0.1$mm。公

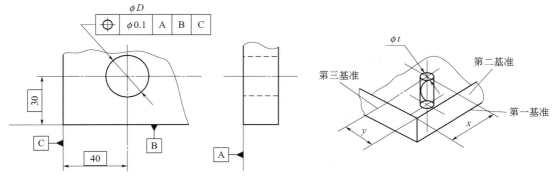

图 2-39　位置度公差的识读

差带为直径为公差值 $\phi 0.1\mathrm{mm}$，且以孔轴线的理想位置为轴线的圆柱面内的区域。

二、同心度公差

用于中心点，指被测中心点相对于基准中心点所允许的变动量。

图 2-40 标注表示，ϕd 圆心的轴线对基准圆心 A 的同心度公差为 $\phi 0.2\mathrm{mm}$。公差带为直径为公差值 $\phi 0.2\mathrm{mm}$，且与基准圆心 A 同心的圆内的区域。

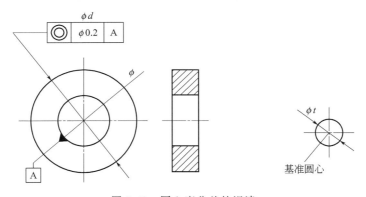

图 2-40　同心度公差的识读

三、同轴度公差

被测要素和基准要素均为轴线，指实际被测轴线相对于基准轴线所允许的变动量。

图 2-41 标注表示，ϕd_2 外圆的轴线对基准轴线 A 的同轴度公差为 $\phi 0.01\mathrm{mm}$。公差带为直径为公差值 $\phi 0.01\mathrm{mm}$，且与基准轴线同轴的圆柱面内的区域。

四、对称度公差

被测要素和基准要素为中心平面或轴线，指被测要素的对称中心平面（中心线）相对于基准对称中心平面（中心线）所允许的变动量。对称度公差用来控制对称中心平面（中心

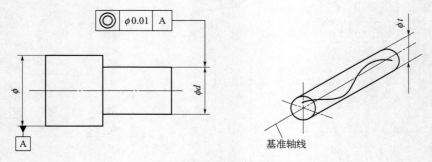

图 2-41　同轴度公差的识读

线）的对称度误差。

图 2-42 标注表示，键槽两侧面的中心对称平面对 $\phi50$ 外圆轴线 A 的对称度公差为 0.05mm。公差带为距离为公差值 0.05mm，且相对于基准轴线 A 对称配置的两平行平面之间的区域。

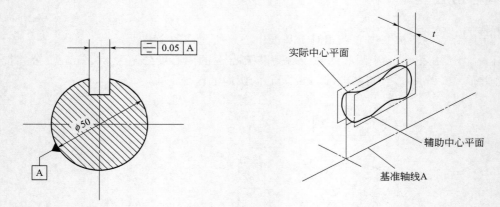

图 2-42　对称度公差的识读

五、线轮廓度公差（有基准）

理想轮廓线的形状、方向、位置由理论正确尺寸和基准确定。见图 2-34 中有基准的线轮廓度公差。

六、面轮廓度公差（有基准）

理想轮廓面的形状、方向、位置由理论正确尺寸和基准确定。见图 2-35 中有基准的面轮廓度公差。

注意：位置公差用来控制被测要素相对基准的定位误差。位置公差带具有综合控制位置误差、方向误差和形状误差的能力。因此，在保证功能要求的前提下，对同一被测要素给出位置公差后，不再给出方向和形状公差。除非对它的形状或（和）方向提出进一步要求，可再给出形状公差或（和）方向公差。但此时必须使方向公差大于形状公差而小于位置公差。

知识点：>>>

① 跳动公差各项目的含义及应用；

② 常见跳动公差标注的含义及其公差带的特点。

跳动公差限制被测表面对基准轴线的变动，指被测要素绕基准轴线回转一周或连续回转时所允许的最大变动量。它可用来综合控制被测要素的形状误差和位置误差。跳动公差分为圆跳动和全跳动两种。

一、圆跳动公差

圆跳动公差是被测表面绕基准轴线回转一周时，在给定方向上的任一测量面上所允许的跳动量。圆跳动公差根据给定测量方向可分为径向圆跳动公差、轴向圆跳动公差和斜向圆跳动公差三种。

1. 径向圆跳动公差

图 2-43 标注表示，ϕd 圆柱面对基准轴线 A 的径向圆跳动公差为 0.05mm。公差带为在垂直于基准轴线 A 的任一测量平面内，半径差为公差值 0.05mm 且圆心在基准轴线上的两个同心圆之间的区域。

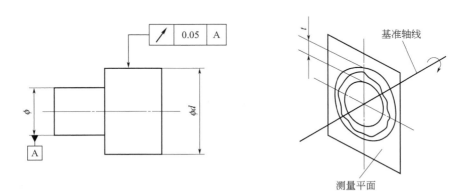

图 2-43　径向圆跳动公差的识读

2. 轴向圆跳动公差

图 2-44 标注表示，右端面对基准轴线 A 的轴向圆跳动公差为 0.05mm。公差带为在与基准轴线 A 同轴的任一直径位置的测量圆柱面上，沿素线方向宽度为公差值 0.05mm 的圆

柱面区域。

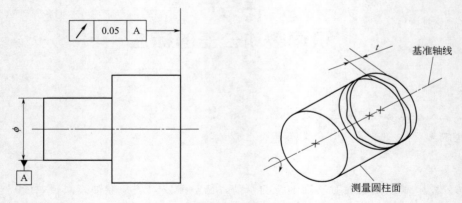

图 2-44　端面圆跳动公差的识读

3. 斜向圆跳动公差

图 2-45 标注表示，圆锥面对基准轴线 A 的斜向圆跳动公差为 0.05mm。公差带为在与基准轴线 A 同轴的任一测量圆锥面上，沿素线方向宽度为公差值 0.05mm 的圆锥面区域。

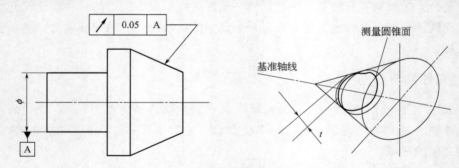

图 2-45　斜向圆跳动公差的识读

二、全跳动公差

全跳动公差是被测表面绕基准轴线连续回转时，在给定方向上所允许的最大跳动量。全跳动公差可分为径向全跳动公差、轴向全跳动公差两种。

1. 径向全跳动公差

图 2-46 标注表示，ϕd 圆柱面对公共基准轴线 A—B 的径向全跳动公差为 0.2mm。公差带为半径差为公差值 0.2mm 且与公共基准轴线 A—B 同轴的两个圆柱面之间的区域。

注意：径向全跳动公差带与圆柱度公差带形状是相同的，但由于径向全跳动测量简便，一般可用它来控制圆柱度误差，即代替圆柱度公差。

2. 轴向全跳动公差

图 2-47 标注表示，右端面对基准轴线 A 的轴向全跳动公差为 0.05mm。公差带为距离

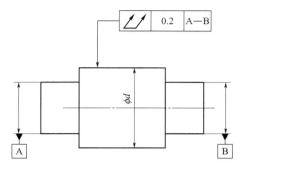
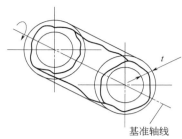

图 2-46　径向全跳动公差的识读

为公差值 0.05mm 且与基准轴线垂直的两平行平面之间的区域。

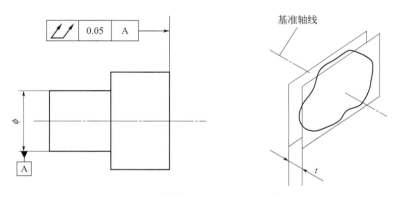

图 2-47　轴向全跳动公差的识读

注意：

① 跳动公差用来控制被测要素相对于基准轴线的跳动误差。

② 跳动公差带具有综合控制被测要素的形状、方向和位置的作用。例如，端面全跳动公差既可以控制端面对回转轴线的垂直度误差，又可控制该端面的平面度误差；径向全跳动公差既可以控制圆柱表面的圆度、圆柱度、素线和轴线的直线度等形状误差，又可以控制轴线的同轴度误差。

几何公差之间的关系如下。

轴向全跳动公差带与端面对轴线的垂直度公差带是相同的，两者控制位置误差的效果也是一样的。对于规定了轴向全跳动的表面，不再规定垂直度公差。

径向圆跳动公差带和圆度公差带虽然都是半径差等于公差值的两同心圆之间的区域，但前者的圆心必须在基准轴线上，而后者的圆心位置可以浮动。

径向全跳动公差带和圆柱度公差带虽然都是半径差等于公差值的两同轴圆柱面之间的区域，但前者的轴线必须在基准轴线上，而后者的轴线位置可以浮动。

端面全跳动公差带和平面度公差带虽然都是宽度等于公差值的两平行平面之间的区域，但前者必须垂直于基准轴线，而后者的方向和位置都可以浮动。

由此可知，公差带形状相同的各几何公差项目，其设计要求不一定都相同。只有公差带的四项特征完全相同的几何公差项目，才具有完全相同的设计要求。

习 题

1. 试将下列各项几何公差要求标注在习题图 2-1 上：
(1) $\phi100h8$ 圆柱面对 $\phi40H7$ 孔轴线的圆跳动公差为 0.018mm；
(2) $\phi40H7$ 孔的圆柱度公差为 0.007mm；
(3) 左、右两凸台端面对 $\phi40H7$ 孔轴线的圆跳动公差均为 0.012mm；
(4) 轮毂键槽对 $\phi40H7$ 孔轴线的对称度公差为 0.02mm。

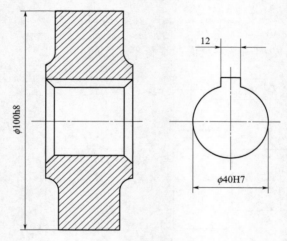

习题图 2-1

2. 试将下列各项几何公差要求标注在习题图 2-2 上。
(1) 左端面的平面度公差为 0.01mm；
(2) 右端面对左端面的平行度公差为 0.02mm；
(3) $\phi70$mm 孔的轴线对左端面的垂直度公差为 $\phi0.02$mm；
(4) $\phi210$mm 外圆的轴线对 $\phi70$mm 孔的轴线的同轴度公差为 $\phi0.03$mm；
(5) $4\times\phi20H8$ 孔的轴线对左端面（第一基准）及 $\phi70$mm 孔的轴线的位置度公差

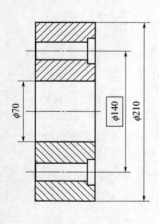 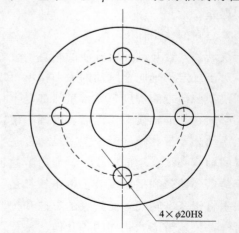

习题图 2-2

为 $\phi 0.15\text{mm}$。

3. 试对习题图 2-3 标注的几何公差作出解释。

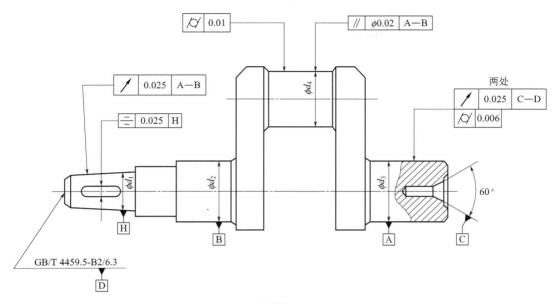

习题图 2-3

模块三

表面结构要求

任务一
认识表面结构要求的概念和评定参数

知识点：>>>

① 表面结构要求的概念，表面结构要求对零件使用性能的影响；

② 评定表面结构要求的主要参数含义。

一、表面结构要求

1. 表面结构要求的概念

为了保证零件的使用性能，在机械图样中需要对零件的表面结构给出要求。表面结构要求的评定参数有表面粗糙度参数（R 轮廓）、波纹度（W 轮廓）、原始轮廓参数（P 轮廓）。粗糙度轮廓、波纹度轮廓和原始轮廓构成零件的表面特征，称为表面结构。本书只学习表面粗糙度参数的两个高度参数 Ra（轮廓算术平均偏差）和 Rz（轮廓最大高度）。

表面粗糙度是指加工表面具有的较小间距和微小峰谷的不平度。其两波峰或两波谷之间的距离（波距）很小（在 1mm 以下），它属于微观几何形状误差。表面粗糙度越小，则表面越光滑。表面粗糙度一般是由所采用的加工方法和其他因素所形成的，例如，加工过程中刀具与零件表面间的摩擦、切屑分离时表面层金属的塑性变形以及工艺系统中的高频振动等。由于加工方法和工件材料的不同，被加工表面留下痕迹的深浅、疏密、形状和纹理都有差别，如图 3-1 所示。

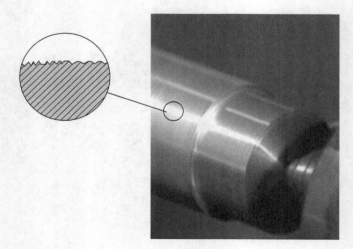

图 3-1　表面粗糙度

2. 表面粗糙度的影响

表面粗糙度与机械零件的配合性质、耐磨性、疲劳强度、接触刚度、振动和噪声等有密切关系，对机械产品的使用寿命和可靠性有重要影响。一般标注采用 Ra。

（1）摩擦和磨损方面

表面越粗糙，摩擦系数就越大，摩擦力也越大，使零件配合面的磨损加剧。

（2）配合性质方面

表面粗糙度影响配合性质的稳定性。对间隙配合来说，表面越粗糙，就越易磨损，使工作过程中间隙逐渐增大；对过盈配合来说，由于装配时将微观凸峰挤平，减小了实际有效过盈，降低了连接强度。

（3）疲劳强度方面

粗糙零件的表面存在较大的波谷，它们像尖角缺口和裂纹一样，对应力集中很敏感，从而影响零件的疲劳强度。

（4）耐腐蚀性方面

粗糙的表面，腐蚀性气体或液体易于通过表面微观凹谷渗入到金属内层，造成表面锈蚀。

综上所述，为保证零件的使用性能和寿命，应对零件的表面粗糙度加以合理限制。

二、表面粗糙度的评定参数

1. 轮廓算术平均偏差 Ra

轮廓算术平均偏差是指在取样长度内轮廓上各点至轮廓中线距离的算术平均值。如图 3-2 所示。其表达式为

$$Ra = \frac{1}{n}(\,|\,Y_1\,|\,+\,|\,Y_2\,|\,+\cdots|\,Y_n\,|\,)$$

式中，Y_1、Y_2、…、Y_n分别为轮廓上各点至轮廓中线的距离。

2. 轮廓最大高度 *Rz*

轮廓最大高度 Rz 是指在取样长度内，最大轮廓峰高与最大轮廓谷深之和的高度（见图 3-2）。

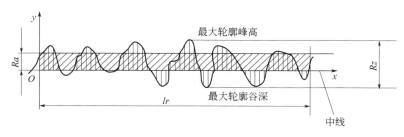

图 3-2　算术平均偏差 *Ra* 和轮廓最大高度 *Rz*

任务二
识读表面结构要求的标注

知识点：>>>

　　① 表面结构符号、代号的意义；

　　② 表面粗糙度符号、代号的标注方法。

一、表面结构的图形符号

1. 图形符号及其含义

在图样中，可以用不同的图形符号来表示对零件表面结构的不同要求。标注表面结构的图形符号及其含义如表 3-1 所示。

表 3-1　表面结构的图形符号及含义

符号	含义
√	基本图形符号，未指定工艺方法的表面，当通过一个注释时可单独使用
√	扩展图形符号，用去除材料的方法获得的表面,仅当其含义是"被加工表面"时可单独使用

符号	含义
	扩展图形符号,不去除材料的表面,也可用于表示保持上道工序形成的表面,不管这种状况是通过去除材料还是不去除材料形成的
	完整图形符号,当要求标注表面结构特性的补充信息时,应在基本图形符号或扩展图形符号的长边上加一横线
	工件轮廓各表面的图形符号,当在某个视图上组成封闭轮廓的各表面有相同的表面粗糙度要求时,应在完整图形符号上加一圆圈,标注在图样中工件的封闭轮廓线上。如果标注会引歧义时,各表面应分别标注

2. 图形符号的画法及尺寸

图形符号的画法如图 3-3 所示,表 3-2 列出了图形符号的尺寸。

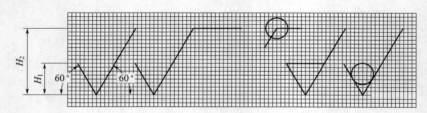

图 3-3 表面结构的图形符号

表 3-2 图形符号的尺寸   单位:mm

数字与字母的高度 h	2.5	3.5	5	7	10	14	20
高度 H_1	3.5	5	7	10	14	20	28
高度 H_2(最小值)	7.5	10.5	15	21	30	42	60

注:H_2 取决于标注内容。

二、表面结构补充要求的注写位置

标注表面结构参数时应使用完整图形符号。为了明确表面结构要求,除了标注结构参数和数值外,必要时应标注补充要求,补充要求包括传输带、取样长度、加工工艺、表面纹理及方向、加工余量等。为了保证表面的功能特征,应对表面结构参数规定不同要求。在完整符号中,对表面结构的单一要求和补充要求应写在指定位置,如图 3-4 所示。注写内容见表 3-3。

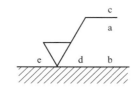

图 3-4　表面结构的注写位置

表 3-3　表面结构的注写位置及内容

位置代号	注写内容
a	注写表面结构参数,包括参数代号、极限值和传输带或取样长度等。例如,0.0025-0.8/Rz 6.3 为传输带标注,-0.8/Rz 6.3 为取样长度标注
a 和 b	注写两个或多个表面结构参数,每个参数写成一行
c	注写加工方法,表面处理、涂层或其他加工工艺要求等,如车、磨、镀等加工表面
d	注写表面纹理和方向
e	注写加工余量

表面结构代号是在其完整图形符号上标注各项参数构成的,其参数标注和含义见表 3-4。

表 3-4　表面结构代号标注示例及含义

符号	含义
Ra 0.8	表示不允许去除材料,单向上限值,默认传输带,R 轮廓,算数平均偏差为 0.8μm,评定长度为 5 个取样长度(默认),16％规则(默认)
$Rzmax$ 0.2	表示去除材料,单向上限值,默认传输带,R 轮廓,粗糙度的最大高度为 0.2μm,评定长度为 5 个取样长度(默认),最大规则
0.008−0.8/Ra 3.2	表示去除材料,单向上限值,传输带 0.008～0.8mm,R 轮廓,算数平均偏差为 3.2μm,评定长度为 5 个取样长度(默认),16％规则(默认)
−0.8/Ra3 3.2	表示去除材料,单向上限值,取样长度 0.8mm,R 轮廓,算数平均偏差为 3.2μm,评定长度为 3 个取样长度(默认),16％规则(默认)

符号	含义
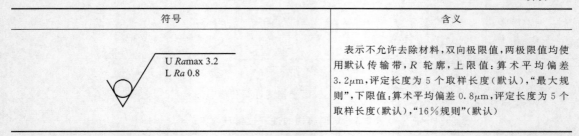 U Ramax 3.2 L Ra 0.8	表示不允许去除材料,双向极限值,两极限值均使用默认传输带,R 轮廓,上限值:算术平均偏差 $3.2\mu m$,评定长度为 5 个取样长度(默认),"最大规则",下限值:算术平均偏差 $0.8\mu m$,评定长度为 5 个取样长度(默认),"16%规则"(默认)

注:标准规定,当代号上标注 max 时,表示参数中所有的实测值均不得超过规定值(最大规则)。当未标注 max 时,表示参数的实测值中允许少于总数 16%的实测值超过规定值(16%规则)。

三、表面结构代号在图样上的标注

表面结构要求在图样中的标注实例如表 3-5 所示。

表 3-5 表面结构要求在图样中的标注实例

说明	实例
表面结构要求对每一表面一般只标注一次,并尽可能注在相应的尺寸及其公差的同一视图上。表面结构的注写和读取方向与尺寸的注写和读取方向一致	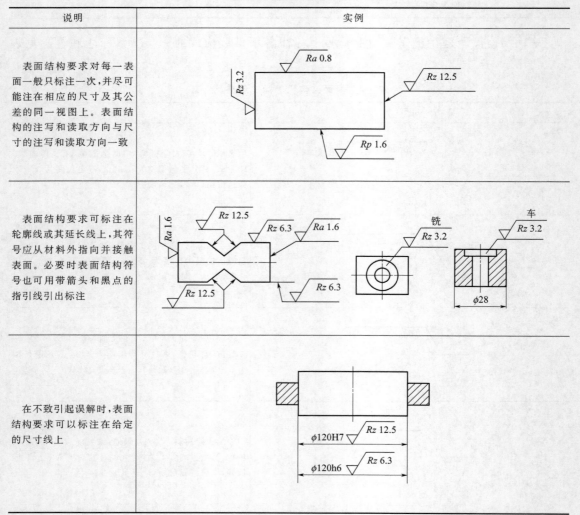
表面结构要求可标注在轮廓线或其延长线上,其符号应从材料外指向并接触表面。必要时表面结构符号也可用带箭头和黑点的指引线引出标注	
在不致引起误解时,表面结构要求可以标注在给定的尺寸线上	

说明	实例

表面结构要求可以标注在几何公差框格的上方

如果在工件的多数表面有相同的表面结构要求,则其表面结构要求可统一标注在图样的标题栏附近,此时,表面结构要求的代号后面应有以下两种情况:
①在圆括号内给出无任何其他标注的基本符号[图(a)];
②在圆括号内给出不同的表面结构要求[图(b)]

当多个表面有相同的表面结构要求或图纸空间有限时,可以采用简化注法。
①用带字母的完整图形符号,以等式的形式,在图形或标题栏附近,对有相同表面结构要求的表面进行简化标注[图(a)]
②用基本图形符号或扩展图形符号,以等式的形式给出对多个表面共同的表面结构要求[图(b)]

习　题

1. 什么是表面结构要求?表面粗糙度对零件的使用性能有什么影响?
2. 表面结构符号有哪几种?试说明各自的含义。
3. 试说明最大规则和16%规则的含义,它们如何标注?

4. 什么是表面结构代号？画图说明标准规定各参数在符号上的标注位置。

5. 表面结构符号、代号在图样上标注时有哪些基本规定？

6. 解释下列表面结构代号的含义。

代号	含义
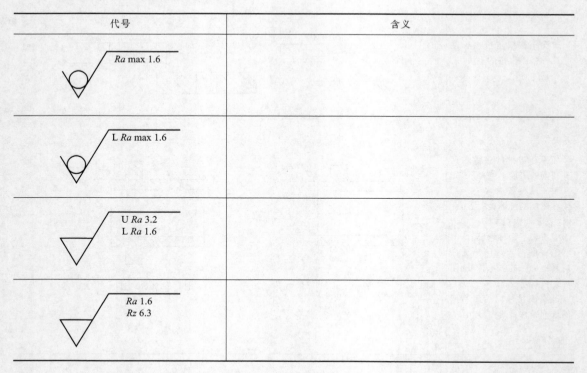 Ra max 1.6	
L Ra max 1.6	
U Ra 3.2 L Ra 1.6	
Ra 1.6 Rz 6.3	

7. 改正习题图 3-1 所示导向套中表面结构代号标注的错误，并在合适的位置标出正确的代号。

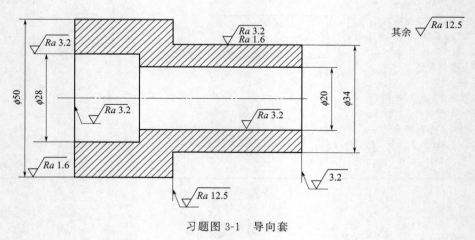

习题图 3-1 导向套

螺纹结合的公差

了解普通螺纹几何参数对互换性的影响

知识点： 》》》

① 螺纹各参数的含义；

② 螺纹几何参数误差对螺纹互换性的影响。

螺纹的应用十分广泛，属典型的具有互换性的连接结构。按用途可分为连接螺纹和传动螺纹；按其牙型可分为三角形、梯形、锯齿形和矩形螺纹。

一、普通螺纹主要几何参数的术语及其定义

1. 大径（D，d）

普通螺纹的大径是指与外螺纹牙顶或内螺纹牙底相切的假想圆柱的直径。

外螺纹的大径为顶径，用 d 表示；内螺纹大径为底径，用 D 表示。如图 4-1 所示。国家标准规定，对于普通螺纹，大径即为其公称直径。

2. 小径（D_1，d_1）

普通螺纹的小径是指与外螺纹牙底或内螺纹牙顶相切的假想圆柱的直径。

外螺纹的小径为底径，用 d_1 表示；内螺纹的小径为顶径，用 D_1 表示。如图 4-1 所示。

普通螺纹的小径与其公称直径之间的关系如下：

$$D_1 = D - 2 \times \frac{5}{8} H = D - 1.0825P$$

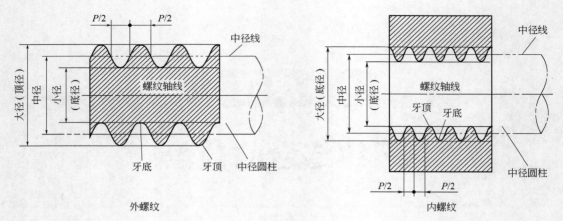

图 4-1 普通螺纹的参数

$$d_1 = d - 2 \times \frac{5}{8} H = d - 1.0825P$$

3. 中径（D_2，d_2）

在普通螺纹中，假想有一个圆柱，其母线通过牙型上沟槽和凸起宽度相等的地方，这个假想圆柱称为中径圆柱，其直径即为中径。外螺纹的中径用 d_2 表示；内螺纹的中径用 D_2 表示。如图 4-1 所示。

普通螺纹的中径与其公称直径之间的关系如下：

$$D_2 = D - 2 \times \frac{3}{8} H = D - 0.6495P$$

$$d_2 = d - 2 \times \frac{3}{8} H = d - 0.6495P$$

4. 单一中径（D_{2a}，d_{2a}）

普通螺纹的单一中径是指一个假想圆柱的直径，该圆柱的母线通过牙型上沟槽宽度等于 1/2 基本螺距的地方。当没有螺距误差时，单一中径与中径数值相等；有螺距误差的螺纹，单一中径与中径数值不相等。

5. 螺距（P）与导程（P_h）

螺距是指相邻两牙在中径线上对应两点间的轴向距离。导程是指同一条螺旋线上相邻两牙在中径线上对应两点间的轴向距离。对于单线螺纹，导程等于螺距；对于多线螺纹，导程等于螺距与螺纹线数 Z 的乘积，即 $P_h = Z \times P$。

6. 牙型角（α），牙型半角（$\alpha/2$）和牙侧角（α_1，α_2）

牙型角是指在螺纹牙型上，两相邻牙侧间的夹角。

牙型半角是指牙型角的一半。

牙侧角是指在螺纹牙型上，牙侧与螺纹轴线的垂线间的夹角。

对于普通螺纹，在理论上，$\alpha = 60°$，$\alpha/2 = 30°$，$\alpha_1 = \alpha_2 = 30°$

7. 原始三角形高度（*H*），牙型高度和螺纹接触高度

原始三角形高度是指由原始三角形顶点沿垂直轴线方向到其底边的距离。

牙型高度是指在螺纹牙型上，牙顶到牙底在垂直于螺纹轴线方向上的距离。

螺纹接触高度是指在两个相互配合螺纹的牙型上，牙侧重合部分在垂直于螺纹轴线方向上的距离。

8. 螺纹升角（ϕ）

螺纹升角是指在中径圆柱上，螺旋线的切线与垂直螺纹轴线的平面的夹角。

9. 螺纹旋合长度

螺纹旋合长度是指两个相互配合的螺纹沿轴线方向相互旋合部分的长度。

二、螺纹几何参数对螺纹互换性的影响

螺纹连接要实现其互换性，必须保证良好的旋合性和一定的连接强度。由于螺纹旋合后在大径和小径处不接触，因而螺纹大、小径误差是不影响螺纹配合性质的。

1. 中径偏差的影响

就外螺纹而言，中径若比内螺纹的中径大，必然影响旋合性；若外螺纹的中径过小，内螺纹的中径过大，则会使牙侧间的间隙增大，连接可靠性降低。由此可见，为了保证螺纹连接的可靠性，要限制螺纹的中径偏差。国标中规定了普通螺纹的中径公差。

2. 螺距偏差的影响

螺距偏差可分为单个螺距偏差和螺距累积偏差两种。单个螺距偏差是指单个螺距的实际值与其基本值之代数差，它与旋合长度无关。螺距累积偏差是指在规定的螺纹长度内，任意两同名牙侧与中径线交点间的实际轴向距离与其基本值的最大差值，它与旋合长度有关。螺距累积偏差对互换性的影响更为明显。国家标准对普通螺纹不采用规定螺距公差的办法，而是采取将外螺纹中径减小或内螺纹中径增大的方法，抵消螺距误差的影响，以保证达到旋合的目的。这种由螺距误差换算的中径的补偿值，称为螺距误差的中径当量。

3. 牙侧角偏差的影响

牙侧角误差是由于刀具刃磨不正确而引起牙型角存在误差，或由于刀具安装位置不正确而造成的左、右牙侧角不相等形成的，也可能是由于上述两个因素共同形成的。牙侧角误差使内、外螺纹结合时发生干涉，而影响可旋合性，并使螺纹接触面积减小，磨损加快，从而降低连接的可靠性。

国家标准没有对普通螺纹的牙侧角规定公差，而是采取将外螺纹中径减小或内螺纹中径增大的方法，使具有牙侧角误差的螺纹达到可旋合性要求。这种将牙侧角误差换算成中径的

补偿值，称为牙侧角误差的中径当量。

　　螺纹连接时主要是依靠螺纹的牙侧面工作，如果内外螺纹的牙侧接触不均匀，就会造成负荷分布不均，势必降低螺纹的配合均匀性和连接强度。而螺距、牙侧角误差可换算成螺纹中径的当量值来处理，所以螺纹中径是影响螺纹结合互换性的主要参数。

任务二
识读普通螺纹的公差

知识点： 》》》

　　普通螺纹公差的结构及其公差带的特点。

一、螺纹的公差带

　　螺纹公差带是牙型公差带，以基本牙型的轮廓为零线，沿着螺纹牙型的牙侧、牙顶和牙底分布，并在垂直于螺纹轴线方向来计量大、中、小径的偏差和公差。公差带由其相对于基本牙型的位置要素和大小因素两部分组成。

1. 公差带的位置和基本偏差

　　内、外螺纹的公差带位置是指公差带相对于零线的距离，它由基本偏差确定。外螺纹的基本偏差为上极限偏差（es），内螺纹的基本偏差为下极限偏差（EI）。

　　国家标准对内螺纹公差带规定了两种基本偏差，其代号为 G、H，如图 4-2 所示，对外螺纹公差带规定了四种基本偏差，其代号为 e、f、g、h，如图 4-3 所示。在各基本偏差的数值中 H、h 的基本偏差为零，G 为正值，e、f、g 为负值。

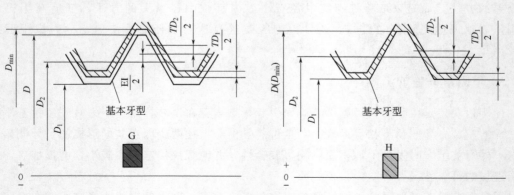

图 4-2　内螺纹公差带

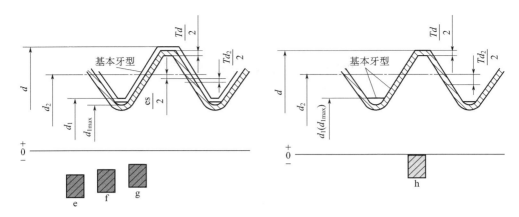

图 4-3　外螺纹公差带

2. 螺纹公差带的大小和公差等级

标准规定螺纹公差带的大小由公差值 T 确定，并按其大小分为若干等级。内、外螺纹的中径和顶径（内螺纹的小径 D_1、外螺纹的大径 d）的公差等级见表 4-1。

表 4-1　螺纹公差等级

螺纹直径	公差等级
内螺纹小径 D_1	4,5,6,7,8
内螺纹中径 D_2	4,5,6,7,8
外螺纹大径 d	4，6，8
外螺纹中径 d_2	3,4,5,6,7,8,9

二、螺纹的旋合长度和精度等级

1. 螺纹的旋合长度

螺纹的旋合长度是和精度等级相关的一个因素，标准将旋合长度分为三组：短旋合长度（S）、中等旋合长度（N）、长旋合长度（L）。

2. 螺纹的精度等级

螺纹的精度等级是由螺纹公差带和螺纹的旋合长度两个因素决定的。标准将螺纹的精度等级分为精密级、中等级和粗糙级三种。

注意：螺纹的精度与公差等级在概念上是不同的。同一公差等级的螺纹，若它们的旋合长度不同，则螺纹的精度不同。

任务三
确定普通螺纹的偏差

知识点： >>>

螺纹公差表格的查阅方法。

【例 4-1】 查出 M20×2—6H/5g6g 细牙普通螺纹的内、外螺纹中径，内螺纹小径和外螺纹大径的极限偏差，并计算其极限尺寸。

解 （1）确定内、外螺纹大径，小径和中径的基本尺寸

由标记可知：$D=d=20$mm

由普通螺纹基本牙型各参数中的关系知：

$D_1=D-1.0825P=20-1.0825\times2=17.835$mm

$d_1=d-1.0825P=20-1.0825\times2=17.835$mm

$D_2=d-0.6495P=20-0.6495\times2=18.701$mm

$d_2=d-0.6495P=20-0.6495\times2=18.701$mm

（2）查出极限偏差

根据公称直径，螺距和公差带代号，由附表五查出

内螺纹中径 D_2(6H)：ES$=+212\mu$m$=+0.212$mm　　　　　EI$=0$

内螺纹小径 D_1(6H)：ES$=+375\mu$m$=+0.375$mm　　　　　EI$=0$

外螺纹中径 d_2(5g)：es$=-38\mu$m$=-0.038$mm　　ei$=-163\mu$m$=-0.163$mm

外螺纹大径 d(6g)：es$=-38\mu$m$=-0.038$mm　　ei$=-318\mu$m$=-0.318$mm

（3）计算内，外螺纹的极限尺寸

内螺纹：

$D_{2\max}=D_2+$ES$=18.701+0.212=18.913$mm

$D_{2\min}=D_2+$EI$=18.701+0=18.701$mm

$D_{1\max}=D_1+$ES$=17.835+0.375=18.210$mm

$D_{1\min}=D_1+$EI$=17.835+0=17.835$mm

外螺纹：

$d_{2\max}=d_2+$es$=18.701+(-0.038)=18.663$mm

$d_{2\min}=d_2+$ei$=18.701+(-0.163)=18.538$mm

$d_{\max}=d+$es$=20+(-0.038)=19.962$mm

$d_{\min}=d+$ei$=20+(-0.318)=19.682$mm

习　题

1. 什么是螺距？什么是导程？二者之间存在什么关系？

2. 试说明牙型角、牙型半角和牙侧角的含义，其中对螺纹互换性影响较大的是哪一个？

3. 普通螺纹的公称直径是指哪一个直径？内、外螺纹的顶径分别为哪一个直径？

4. 什么是螺纹的中径？

5. 普通螺纹的公差带有什么特点？

6. 解释下列螺纹标记的含义。

（1）M24×5-5H6H-L

（2）M24×2-7H

（3）M20-7g6g-S-LH

（4）M30-6H/6g

7. 查表确定 M16-6H/6g 的内、外螺纹中径，内螺纹小径和外螺纹大径的极限偏差，并计算其极限尺寸。

模块五

常用计量器具

任务一
认识游标卡尺

知识点: >>>

游标卡尺的使用和读数方法。

一、游标卡尺的结构和用途

游标卡尺是一种常用的测量长度的量具,具有结构简单、使用方便、测量范围大等特点。通常用来测量零件的长度、内径、外径以及深度等。它是由主尺和附在主尺上能滑动的游标两部分构成。游标卡尺分度值有 0.1mm、0.05mm 和 0.02mm 三种。游标卡尺的结构如图 5-1 所示。

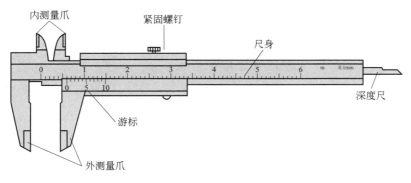

图 5-1 游标卡尺的结构

二、游标卡尺的读数方法和使用方法

游标卡尺的读数方法见表 5-1,游标卡尺的使用方法见表 5-2。

表 5-1 游标卡尺的读数方法

	精度/mm	图示	说明
读数方法	0.02	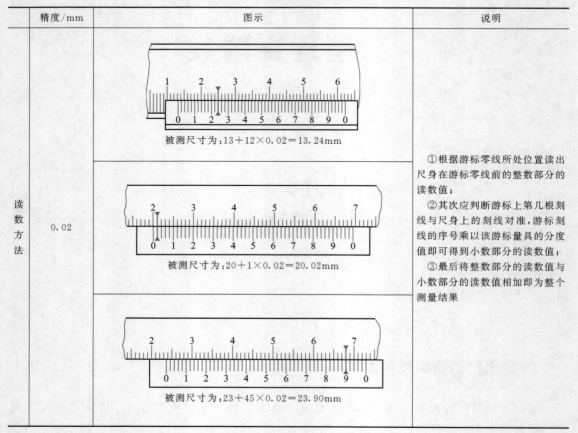被测尺寸为:13+12×0.02=13.24mm 被测尺寸为:20+1×0.02=20.02mm 被测尺寸为:23+45×0.02=23.90mm	①根据游标零线所处位置读出尺身在游标零线前的整数部分的读数值; ②其次应判断游标上第几根刻线与尺身上的刻线对准,游标刻线的序号乘以该游标量具的分度值即可得到小数部分的读数值; ③最后将整数部分的读数值与小数部分的读数值相加即为整个测量结果

表 5-2 游标卡尺的使用方法

项目	使用方法	说明
外量爪测量时		移动游标时,活动要自如,不应有过松或过紧,更不能有晃动现象。测量时,要先注意看清尺框上的分度值标记,以免读错小数值产生粗大误差。应使两爪轻轻接触零件的被测表面,保持合适的测量力,两爪位置要摆正,不能歪斜

项目	使用方法	说明
内量爪测量时	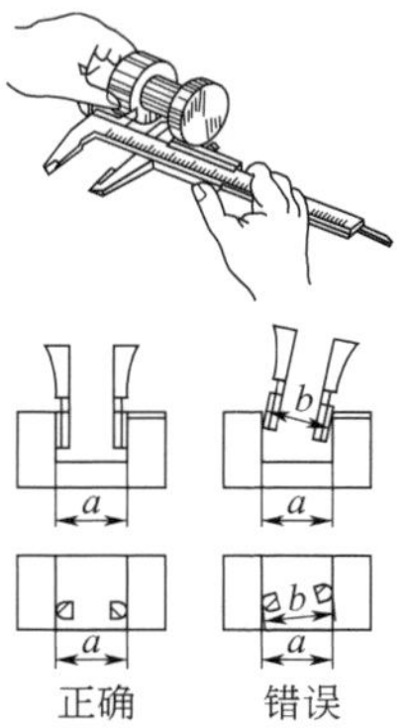 正确　　错误	移动游标时,活动要自如,不应有过松或过紧,更不能有晃动现象。测量时,要先注意看清尺框上的分度值标记,以免读错小数值产生粗大误差。应使两爪轻轻接触零件的被测表面,保持合适的测量力,两爪位置要摆正,不能歪斜
深度尺测量时	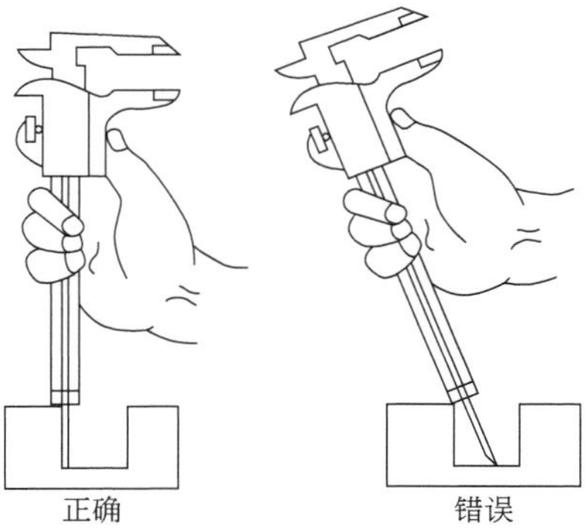 正确　　　　错误	测量时,尺身应垂直于被测部位,使深度尺与被测表面充分接触,不能倾斜,尺身端部紧靠在工件的基准面上,拉动游标测出尺寸

任务二
认识千分尺

知识点: >>>

掌握千分尺的使用和读数方法。

一、外径千分尺的结构

外径千分尺的结构由固定的尺架、砧座、测微螺杆、固定套管、微分筒、测力装置、锁紧装置等组成。如图 5-2 所示。

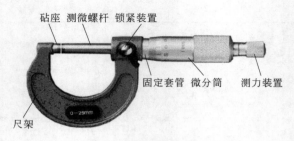

图 5-2 外径千分尺

二、外径千分尺的读数方法

外径千分尺的读数方法见表 5-3。

表 5-3 外径千分尺的读数方法

精度/mm	图示	说明
读数方法	0.01	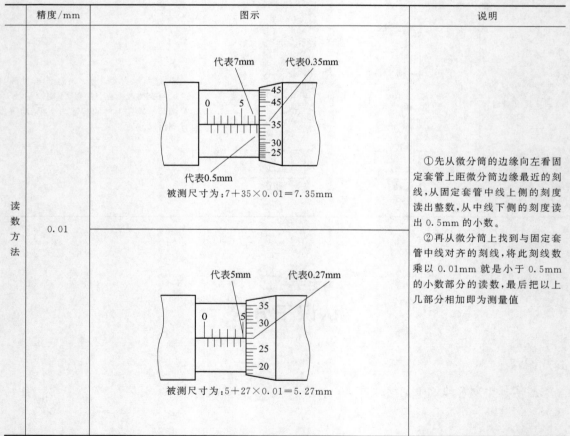	①先从微分筒的边缘向左看固定套管上距微分筒边缘最近的刻线,从固定套管中线上侧的刻度读出整数,从中线下侧的刻度读出 0.5mm 的小数。 ②再从微分筒上找到与固定套管中线对齐的刻线,将此刻线数乘以 0.01mm 就是小于 0.5mm 的小数部分的读数,最后把以上几部分相加即为测量值

三、外径千分尺的使用方法和注意事项

外径千分尺的使用方法和注意事项见表 5-4。

表 5-4　外径千分尺的使用方法和注意事项

项目	说明
使用方法	①旋钮和测力装置在转动时都不能过分用力； ②当转动旋钮使测微螺杆靠近待测物时，一定要改旋测力装置，不能转动旋钮使螺杆压在待测物上； ③当测微螺杆与测砧已将待测物卡住或旋紧锁紧装置的情况下，决不能强行转动旋钮
注意事项	①千分尺是一种精密量具，使用时应小心谨慎，动作轻缓，不要让它受到打击和碰撞。千分尺内的螺纹非常精密，使用时要注意； ②有些千分尺为了防止手温使尺架膨胀引起微小的误差，在尺架上装有隔热装置。使用时应手握隔热装置，而尽量少接触尺架的金属部分； ③使用千分尺测同一长度时，一般应反复测量几次，取其平均值作为测量结果； ④千分尺用毕后，应用纱布擦干净，在测砧与螺杆之间留出一点空隙，放入盒中。如长期不用可抹上黄油或机油，放置在干燥的地方。注意不要让它接触腐蚀性的气体

任务三
认识百分表

知识点：>>>

　　百分表的使用和读数方法。

一、百分表的结构

　　百分表的结构较简单，传动机构是齿轮系，外廓尺寸小，重量轻，传动机构惰性小，传动比较大，可采用圆周刻度，并且有较大的测量范围，不仅能作比较测量，也能作绝对测量。其结构如图 5-3 所示。

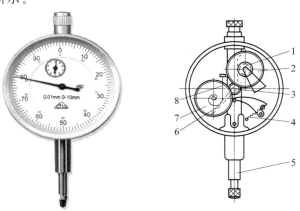

图 5-3　百分表的结构

1—小齿轮；2,7—大齿轮；3—中间齿轮；4—弹簧；5—测量杆；6—指针；8—游丝

二、百分表的使用方法和注意事项

百分表的使用方法和注意事项见表5-5。

表 5-5　百分表的使用方法和注意事项

说明	
外径百分表使用方法	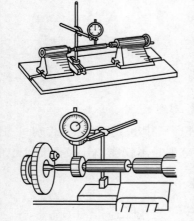①百分表在使用时,要把百分表装夹在专用表架或其他牢靠的支架上,千万不要贪图方便把百分表随便卡在不稳固的地方,这样不仅造成测量结果不准,而且有可能把表摔坏; ②把百分表安装时,夹紧力不要过大,夹紧后测杆应能平稳、灵活地移动,无卡住现象
	为了使百分表能够在各种场合下顺利地进行测量,例如在车床上测量径向跳动、端面跳动,应把百分表装夹在磁性表架或万能表表架应放在平板、工作台或某一平整位置上。百分表在表架上的上、下、前、后位置可以任意调节。使用时注意,百分表的触头应垂直于被检测的工件表面
	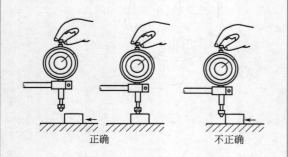测量时,应轻轻提起测量杆,把工件移至测头下面,缓慢下降,测头与工件接触,不准把工件强迫推入至测头下,也不得急剧下降测头,以免产生瞬时冲击测力,给测量带来测量误差。测头与工件的接触方法如图所示。对工件进行调整时,也应按上述方法进行

正确　　　　不正确

三、内径百分表

内径百分表由百分表和专用表架组成，用于测量孔的直径和孔的形状误差，特别适宜于深孔的测量。内径百分表的构造如图 5-4 所示。

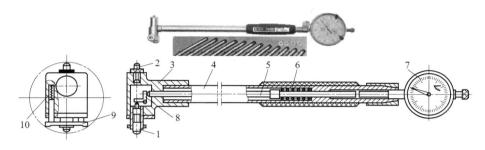

图 5-4 内径百分表

1—活动测头；2—可换测头；3—表架头；4—表架套杆；5—传动杆；
6—测力弹簧；7—百分表；8—杠杆；9—定位装置；10—定位弹簧

四、内径百分表的使用方法和注意事项

内径百分表的使用方法和注意事项见表 5-6。

表 5-6 内径百分表的使用方法和注意事项

	说明
内径百分表使用方法	内径百分表用来测量圆柱孔，它附有成套的可调测量头，使用前必须先进行组合和校对零位。组合时，将百分表装入连杆内，使小指针指在 0～1 的位置上，长针和连杆轴线重合，刻度盘上的字应垂直向下，以便于测量时观察，装好后应予紧固。 测量前应根据被测孔径大小用外径百分尺调整好尺寸后才能使用，如图所示。在调整尺寸时，正确选用可换测头的长度及其伸出距离，应使被测尺寸在活动测头总移动量的中间位置
	测量时，连杆中心线应与工件中心线平行，不得歪斜，同时应在圆周上多测几个点，找出孔径的实际尺寸，看是否在公差范围以内。如图所示

任务四
认识光滑极限量规

知识点：》》》

① 掌握光滑极限量规的使用方法；

② 量规一种没有刻度的专用计量器具。

一、轴用量规

常用检验工件轴径的量规如图 5-5 所示。

以双头卡规为例，其工作表面是平面。卡规的一端为通规，它的尺寸按被检验轴的上极限尺寸制造。另一端为止规，它的尺寸按被检验轴的下极限尺寸制造。利用卡规的两端，可以判断被检尺寸是否在允许的范围内。

图 5-5　各种轴用量规（环规和卡规）

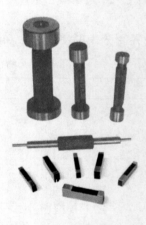

图 5-6　孔用量规（塞规）

二、孔用量规

图 5-6 所示为一种双头全形塞规，其工作表面是圆柱形。塞规的一端为通规，它的尺寸按被检验孔的下极限尺寸制造，另一端为止规，它的尺寸按被检验孔的上极限尺寸制造。

检验工件时，如通规能够通过，表示孔径大于最小极限尺寸。止规不能通过，则表示孔径小于最大极限尺寸。利用卡规的两端，可以判断被检尺寸是否在允许的范围内。

量规的使用方法见表 5-7。

表 5-7 量规的使用方法

说明	
轴用量规	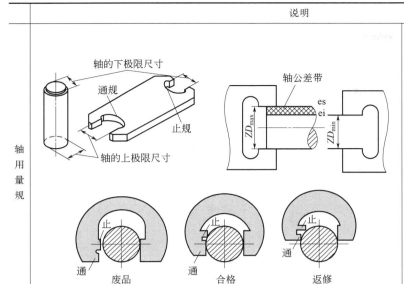 用卡规的通规检验工件时,尽可能从轴的上面来检验,用手拿住卡规,凭卡规自身的重量,从轴的外圆滑过去。如从水平方向检验,则一手拿工件,一手拿卡规,把通规轻轻地从轴上滑过去。注意,切不可用力通过。 检验工件时,只有通规能通过工件而止规过不去才表示被检工件合格,否则就不合格,如图所示
孔用量规	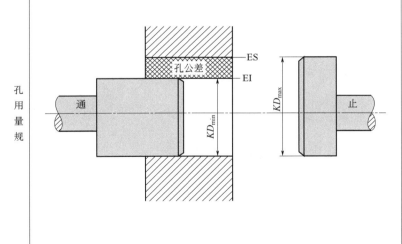 用全形塞规检测垂直位置的被测孔,应从上面检验。用手拿住塞规的柄部,凭塞规本身的重量,让通规滑进孔中。对于水平位置的被测孔,要顺着孔的轴线,把通规轻轻地送入孔中。不允许把塞规用力往孔里推或一边旋转一边往里推。检验工件时,只有通规能通过工件而止规过不去才表示被检工件合格,否则就不合格

习 题

1. 简述游标卡尺的读数和使用方法。
2. 简述千分尺的读数方法和注意事项。
3. 简述百分表的使用方法和注意事项。
4. 简述内径百分表的使用方法和注意事项。
5. 常用的量规有哪些?轴用量规与孔用量规的工作原理有何不同?

6. 画出分度值为 0.02mm 的游标卡尺所表示的下列尺寸的刻线图：

　① 显示的被测尺寸为 9.46mm；　　　② 显示的被测尺寸为 21.68mm。

7. 读出下列量具中所显示的读数。

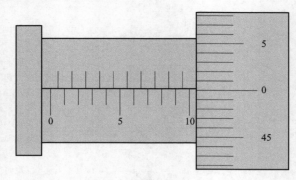

图（a）

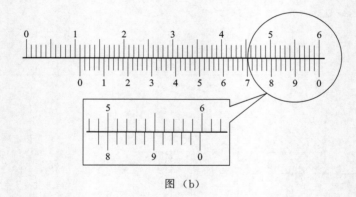

图（b）

模块六

典型工件的检测

实训一
使用游标卡尺测量

一、实训目的

掌握游标卡尺读数和测量尺寸的方法。

二、被测工件

被测工件如图 6-1 所示，使用游标卡尺测量各长度尺寸。

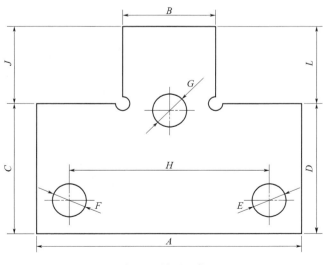

图 6-1　被测工件

三、量具

游标卡尺。

四、方法与步骤

测量方法与步骤见表 6-1。

表 6-1 测量方法与步骤

测量方法与步骤	步骤图示
检查游标卡尺,校对"0"位	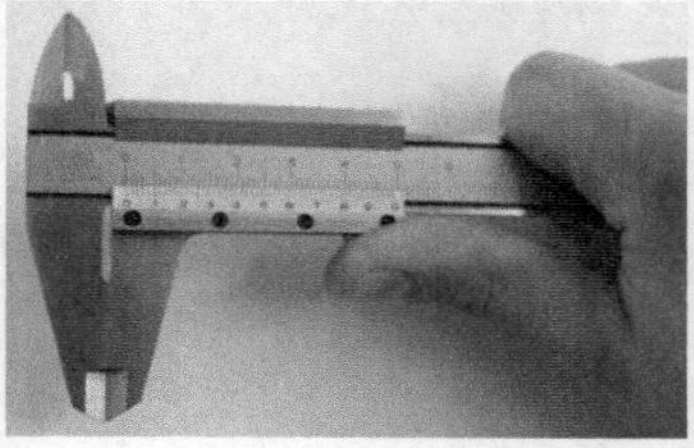
去除工件上的毛刺,用干净抹布擦去污物	
测量各外尺寸 A、B、C、D	
测量各内尺寸 E、F、G	

测量方法与步骤	步骤图示
测量两孔中心距 H	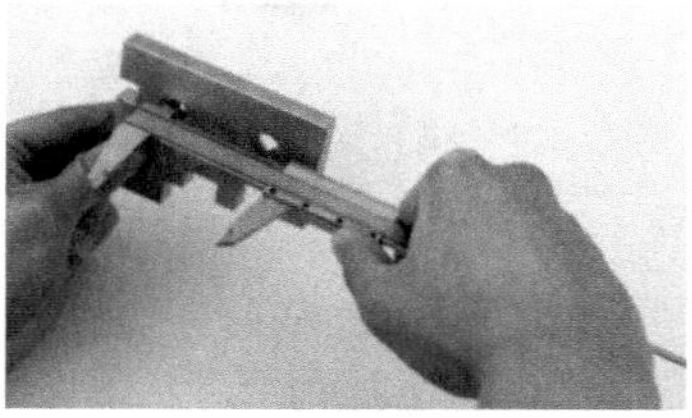
测量深度尺寸 I、J	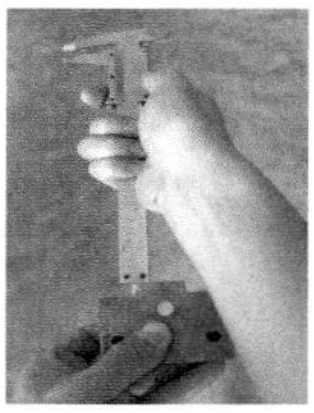

五、完成测量

将有关数据填入表 6-2 中。

表 6-2　测量结果

测量项目		实测			平均值
		1	2	3	
外尺寸	A				
	B				
	C				
	D				
内尺寸	E				
	F				
	G				
中心距	H				
深度尺寸	I				
	J				

一、实训目的

掌握千分尺的方法，完成零件尺寸的测量，并判断尺寸是否合格。

二、被测工件

被测工件如图 6-2 所示，要求测量 A、B、C、D 的尺寸并判断是否合格。

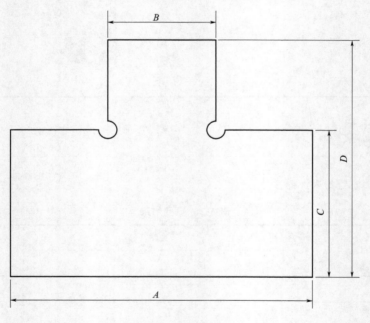

图 6-2　被测工件

三、量具

千分尺。

四、方法与步骤

测量方法与步骤见表 6-3。

表 6-3　测量方法与步骤

测量方法与步骤	步骤图示
检查千分尺	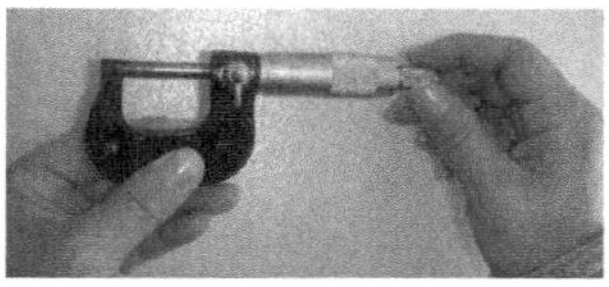
校对 0 位	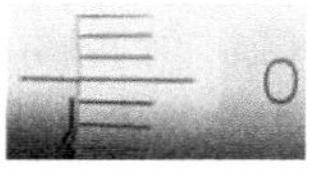 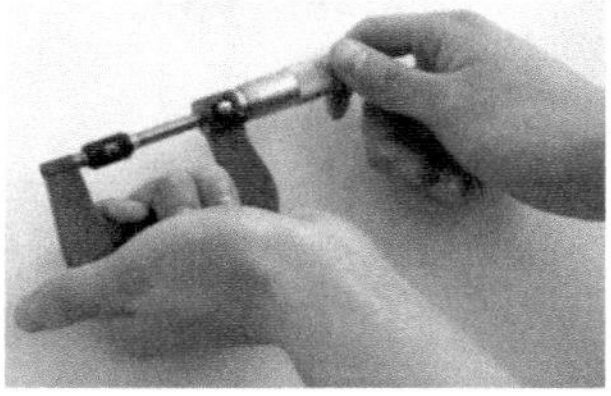
调整 0 位	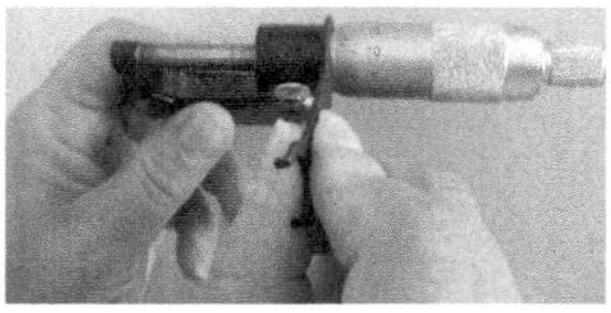
测量工件	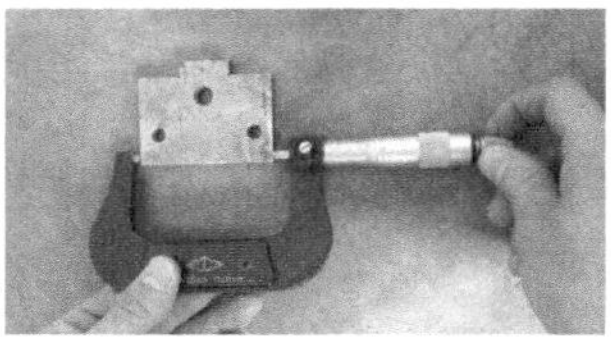

五、完成测量

判断尺寸合格性，并将有关数据填入表 6-4 中。

表 6-4　测量结果

测量尺寸	图样要求	实测			平均值	结论
		1	2	3		
A	60 ± 0.05					
B	$20^{0}_{-0.05}$					
C	20 ± 0.05					
D	60 ± 0.05					

实训三
典型零件形状误差的测量

一、实训目的

掌握百分表使用方法，测量零件形状误差。

二、被测工件

被测工件如图 6-3 所示。

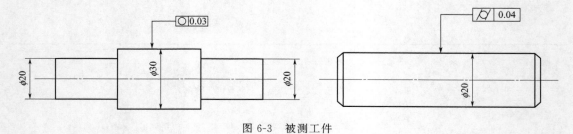

图 6-3 被测工件

三、量具、工具

杠杆百分表、磁力表架、两顶尖等。

四、方法与步骤

测量方法与步骤见表 6-5 和表 6-6。

表 6-5 圆度测量方法与步骤

测量方法与步骤	步骤图示
将零件放在支撑上，同时固定轴向位置，使被测零件的轴线垂直于测量截面，在被测零件回转一周过程中，百分表读数最大差值的 1/2 即为单个截面的圆度误差，百分表沿轴向间断移动重复上述步骤测量若干个截面，取其中最大的误差值即为该零件的圆度误差	

测量方法与步骤	步骤图示
也可以转动量具,例如用千分尺测量外径的方法,测量零件的圆度误差	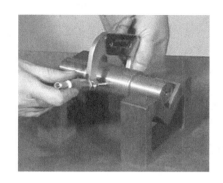

表 6-6 圆柱度测量方法与步骤

测量方法与步骤	步骤图示
将被测零件放在平板上,紧靠方箱的垂直面上,在被测零件回转一周过程中,测出一个横截面上最大与最小读数,百分表沿轴向间断移动重复上述步骤,测得若干个截面,取各个截面中所有最大与最小读数差的 1/2,即为零件的圆柱度误差	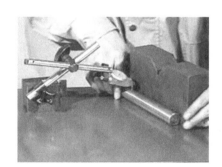

五、完成测量

判断形状误差合格性,并将有关数据填入表 6-7 中。

表 6-7 测量结果

测量项目	图样要求	实测			结论
		1	2	3	
圆度	0.03				
圆柱度	0.04				

实训四
典型零件跳动误差的测量

一、实训目的

掌握百分表使用方法，测量零件跳动误差并判断其是否合格。

二、被测工件

被测工件如图 6-4 所示。

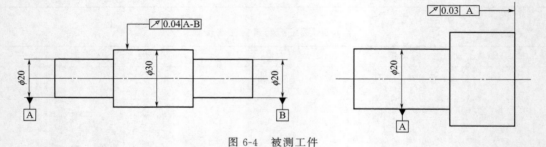

图 6-4 被测工件

三、量具、工具

杠杆百分表、磁力表架、V 形架等。

四、方法与步骤

测量方法与步骤见表 6-8 和表 6-9。

表 6-8 径向圆跳动测量方法与步骤

测量方法与步骤	步骤图示
将被测零件放在 V 形架上，并在轴向定位，使零件在 V 形槽内旋转一周，百分表上的最大与最小读数之差就是单个截面上的径向跳动误差，沿被测圆柱面轴向移动百分表分别测得若干个截面的误差，取其中最大值即作为该零件的径向圆跳动误差	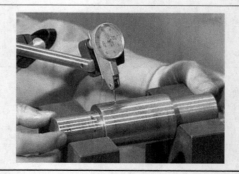

表 6-9 轴向圆跳动测量方法与步骤

测量方法与步骤	步骤图示
将被测零件放在 V 形架中，并在轴向定位，在被测零件回转一周过程中，百分表测得最大与最小读数之差即为单个圆柱面上的轴向圆跳动，按该方法测得若干个圆柱面，取各测量圆柱面上测得的跳动量中的最大值，即为该圆柱面的轴向圆跳动	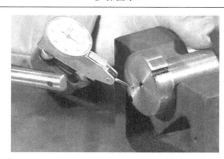

五、完成测量

判断形状误差合格性，并将有关数据填入表 6-10 中。

表 6-10 测量结果

测量项目	图样要求	实测			结论
		1	2	3	
径向圆跳动	0.04				
轴向圆跳动	0.03				

实训五
典型零件的综合测量

一、实训目的

掌握零件尺寸、形状、方向和位置误差的测量方法。

二、被测工件

被测工件如图 6-5 所示。

三、量具、工具

百分表、平板、表架、精密直角尺、游标卡尺（千分尺）、刀口尺等。

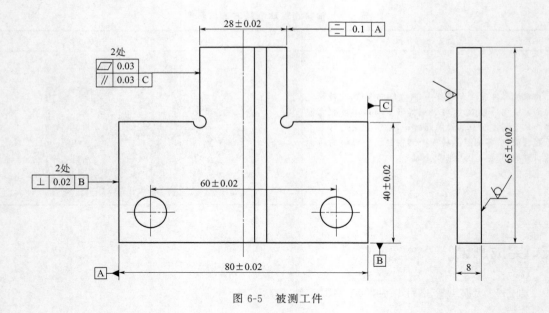

图 6-5　被测工件

四、方法与步骤

测量方法与步骤见表 6-11。

表 6-11　测量方法与步骤

测量方法与步骤	步骤图示
平行度检测	
垂直度检测	

测量方法与步骤	步骤图示
对称度检测：零件置于平板上，测出被测表面 1 与平板的距离 a，将工件翻转后，测出另一被测表面 2 与平板的距离 b，则 a，b 之差为该测量截面两对应点的对称度误差。按上述方法，测量若干个截面内两对应点的对称度误差。取其测量截面内对应两测量点的最大差值作为对称度误差	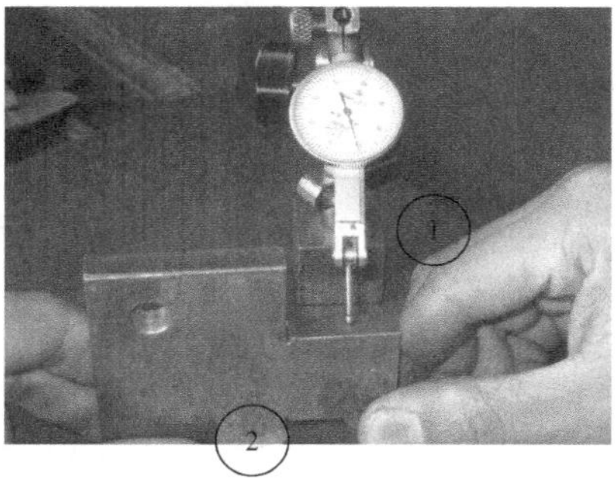
平面度检测	
尺寸检测	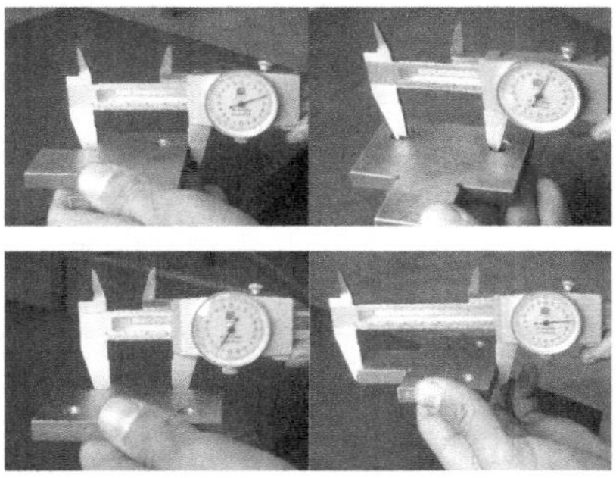

五、完成测量

将有关数据填入表 6-12 中。

表 6-12　测量结果

测量项目	图样要求	实测			最大值	结论
		1	2	3		
平行度	0.03					
垂直度	0.02					
对称度	0.1					
平面度	0.03					

测量项目	图样要求	实测			最大值	结论
		1	2	3		
尺寸检测	80±0.02					
	40±0.02					
	60±0.02					
	65±0.02					

实训六
表面粗糙度参数的检测

一、实训目的

掌握粗糙度参数的检测方法。

二、被测工件

被测工件如图 6-6 所示。

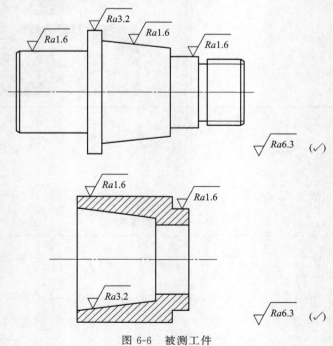

图 6-6 被测工件

三、量具

机械加工粗糙度参数样块。

四、方法与步骤

测量方法与步骤见表 6-13。

表 6-13　测量方法与步骤

测量方法与步骤	步骤图示
视觉法:将被检表面与标准粗糙度样块的工作面进行比较	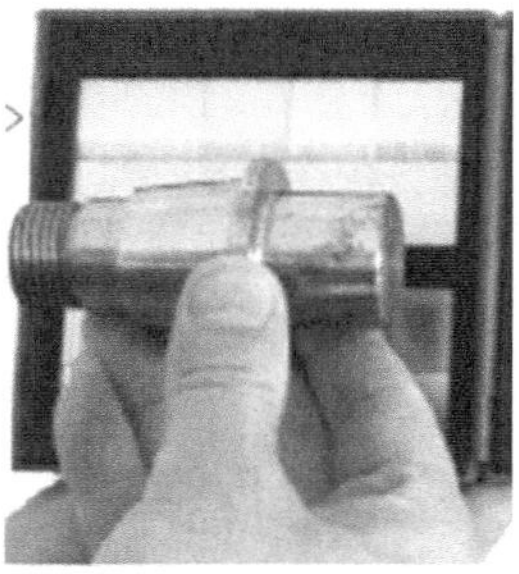
触觉法:用手指或指甲抚摸被检验表面和标准粗糙度样块的工作面,凭感觉判断	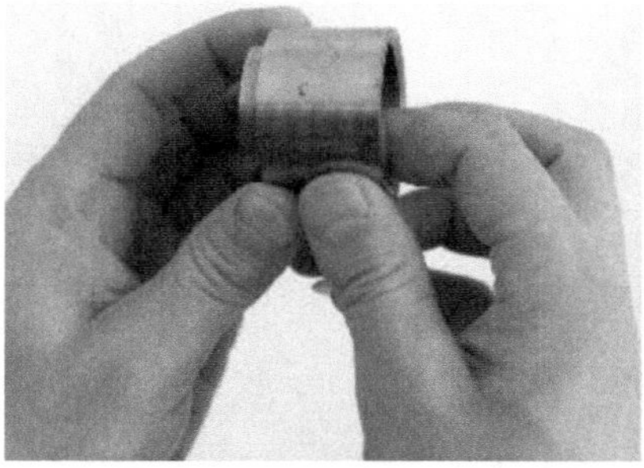 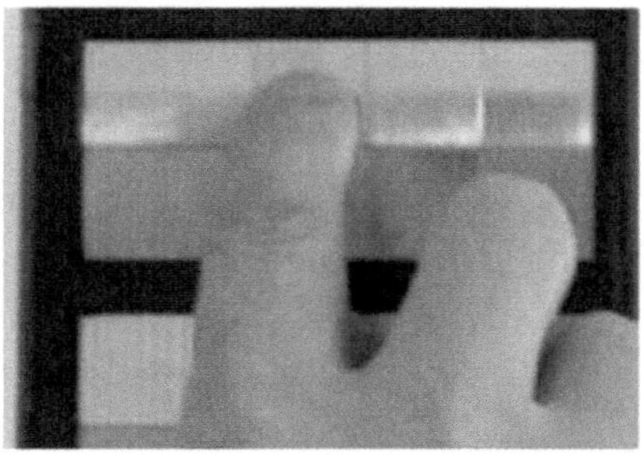

五、完成测量

将有关数据填入表 6-14 中。

表 6-14　测量结果

测量项目	图样要求		实测			结论
			1	2	3	
粗糙度参数	件 1	$Ra1.6$				
	件 2	$Ra1.6$				
		$Ra3.2$				

附　表

附表一　轴的基本偏差数值表

μm

公称尺寸/mm		基本偏差数值																
		上极限偏差 es												下极限偏差 ei				
		所有标准公差等级												IT5和IT6	IT7	IT8	IT4至IT7	≤IT3 >IT7
大于	至	a	b	c	cd	d	e	ef	f	fg	g	h	js	j	j	j	k	k
—	3	−270	−140	−60	−34	−20	−14	−10	−6	−4	−2	0		−2	−4		0	0
3	6	−270	−140	−70	−46	−30	−20	−14	−10	−6	−4	0		−2	−4	−6	+1	0
6	10	−280	−150	−80	−56	−40	−25	−18	−13	−8	−5	0		−2	−5		+1	0
10	14	−290	−150	−95		−50	−32		−16		−6	0		−3	−6		+1	0
14	18	−290	−150	−95		−50	−32		−16		−6	0	偏差=±$\frac{IT_n}{2}$, 式中 IT_n 是IT值数	−3	−6		+1	0
18	24	−300	−160	−110		−65	−40		−20		−7	0		−4	−8		+2	0
24	30	−300	−160	−120		−65	−40		−20		−7	0		−4	−8		+2	0
30	40	−310	−170	−130		−80	−50		−25		−9	0		−5	−10		+2	0
40	50	−320	−180	−140		−80	−50		−25		−9	0		−5	−10		+2	0
50	65	−340	−190	−150		−100	−60		−30		−10	0		−7	−12		+2	0
65	80	−360	−200	−170		−100	−60		−30		−10	0		−7	−12		+2	0
80	100	−380	−220	−180		−120	−72		−36		−12	0		−9	−15		+3	0
100	120	−410	−240	−200		−120	−72		−36		−12	0		−9	−15		+3	0
120	140	−460	−260	−210		−145	−85		−43		−14	0		−11	−18		+3	0
140	160	−520	−280	−230		−145	−85		−43		−14	0		−11	−18		+3	0
160	180	−580	−310			−145	−85		−43		−14	0		−11	−18		+3	0

基本偏差数值

公称尺寸 /mm		上极限偏差 es 所有标准公差等级												下极限偏差 ei			
		a	b	c	cd	d	e	ef	f	fg	g	h	js	j		k	
大于	至													IT5和IT6	IT7	IT4至IT7	≤IT3、>IT7
180	200	−660	−340	−240		−170	−100		−50		−15	0	偏差=±IT$_n$/2, 式中IT$_n$是IT值数	−13	−21	+4	0
200	225	−740	−380	−260													
225	250	−820	−420	−280													
250	280	−920	−480	−300		−190	−110		−56		−17	0		−16	−26	+4	0
280	315	−1050	−540	−330													
315	355	−1200	−600	−360		−210	−125		−62		−18	0		−18	−28	+4	0
355	400	−1350	−680	−400													
400	450	−1500	−760	−440		−230	−135		−68		−20	0		−20	−32	+5	0
450	500	−1650	−840	−480													
500	560					−260	−145		−76		−22	0				0	0
560	630																
630	710					−290	−160		−80		−24	0				0	0
710	800																
800	900					−320	−170		−86		−26	0				0	0
900	1000																
1000	1120					−350	−195		−98		−28	0				0	0
1120	1250																
1250	1400					−390	−220		−110		−30	0				0	0
1400	1600																
1600	1800					−430	−240		−120		−32	0				0	0
1800	2000																
2000	2240					−480	−260		−130		−34	0				0	0
2240	2500																
2500	2800					−520	−290		−145		−38	0				0	0
2800	3150																

公称尺寸/mm		基本偏差数值 下极限偏差 ei 所有标准公差等级													
大于	至	m	n	p	r	s	t	u	v	x	y	z	za	zb	zc
—	3	+2	+4	+6	+10	+14		+18		+20		+26	+32	+40	+60
3	6	+4	+8	+12	+15	+19		+23		+28		+35	+42	+50	+80
6	10	+6	+10	+15	+19	+23		+28		+34		+42	+52	+67	+97
10	14	+7	+12	+18	+23	+28		+33		+40		+50	+64	+90	+130
14	18	+7	+12	+18	+23	+28		+33	+39	+45		+60	+77	+108	+150
18	24	+8	+15	+22	+28	+35		+41	+47	+54	+63	+73	+98	+136	+188
24	30	+8	+15	+22	+28	+35	+41	+48	+55	+64	+75	+88	+118	+160	+218
30	40	+9	+17	+26	+34	+43	+48	+60	+68	+80	+94	+112	+148	+200	+274
40	50	+9	+17	+26	+34	+43	+54	+70	+81	+97	+114	+136	+180	+242	+325
50	65	+11	+20	+32	+41	+53	+66	+87	+102	+122	+144	+172	+226	+300	+405
65	80	+11	+20	+32	+43	+59	+75	+102	+120	+146	+174	+210	+274	+360	+480
80	100	+13	+23	+37	+51	+71	+91	+124	+146	+178	+214	+258	+335	+445	+585
100	120	+13	+23	+37	+54	+79	+104	+144	+172	+210	+254	+310	+400	+525	+690
120	140	+15	+27	+43	+63	+92	+122	+170	+202	+248	+300	+365	+470	+620	+800
140	160	+15	+27	+43	+65	+100	+134	+190	+228	+280	+340	+415	+535	+700	+900
160	180	+15	+27	+43	+68	+108	+146	+210	+252	+310	+380	+465	+600	+780	+1000
180	200	+17	+31	+50	+77	+122	+166	+236	+284	+350	+425	+520	+670	+880	+1150
200	225	+17	+31	+50	+80	+130	+180	+258	+310	+385	+470	+575	+740	+960	+1250
225	250	+17	+31	+50	+84	+140	+196	+284	+340	+425	+520	+610	+820	+1050	+1350
250	280	+20	+34	+56	+94	+158	+218	+315	+385	+475	+580	+710	+920	+1200	+1550
280	315	+20	+34	+56	+98	+170	+240	+350	+425	+525	+650	+790	+1000	+1300	+1700

公称尺寸/mm 大于	至	基本偏差数值 下级限偏差 ei 所有标准公差等级													
		m	n	p	r	s	t	u	v	x	y	z	za	zb	zc
315	355	+21	+37	+62	+108	+190	+268	+390	+475	+590	+730	+900	+1150	+1500	+1900
355	400				+114	+208	+294	+435	+530	+660	+820	+1000	+1300	+1650	+2100
400	450	+23	+40	+68	+126	+232	+330	+490	+595	+740	+920	+1100	+1450	+1850	+2400
450	500				+132	+252	+360	+540	+660	+820	+1000	+1250	+1600	+2100	+2600
500	560	+26	+44	+78	+150	+280	+400	+600							
560	630				+155	+310	+450	+660							
630	710	+30	+50	+88	+175	+340	+500	+740							
710	800				+185	+380	+560	+840							
800	900	+34	+56	+100	+210	+430	+620	+940							
900	1000				+220	+470	+680	+1050							
1000	1120	+40	+66	+120	+250	+520	+780	+1150							
1120	1250				+260	+580	+840	+1300							
1250	1400	+48	+78	+140	+300	+640	+960	+1450							
1400	1600				+330	+720	+1050	+1600							
1600	1800	+58	+92	+170	+370	+820	+1200	+1850							
1800	2000				+400	+920	+1350	+2000							
2000	2240	+68	+110	+195	+440	+1000	+1500	+2300							
2240	2500				+460	+1100	+1650	+2500							
2500	2800	+76	+135	+240	+550	+1250	+1900	+2900							
2800	3150				+580	+1400	+2100	+3200							

注：1. 公称尺寸小于或等于 1mm 时，基本偏差 a 和 b 均不采用。

2. 公差带 js7 至 js11，若 IT_n 值数是奇数，则取偏差 $=\pm\frac{IT_n-1}{2}$。

附表二 孔的基本偏差数值表

μm

基本偏差数值

下极限偏差 EI（所有标准公差等级） ／ 上极限偏差 ES

JS 列：偏差 $=\pm\dfrac{IT_n}{2}$，式中 IT_n 是 IT 值数

公称尺寸/mm 大于	至	A	B	C	CD	D	E	EF	F	FG	G	H	JS	J IT6	J IT7	J IT8	K ≤IT8	K >IT8	M ≤IT8	M >IT8	N ≤IT8	N >IT8
—	3	+270	+140	+60	+34	+20	+14	+10	+6	+4	+2	0	偏差=±IT_n/2	+2	+4	+6	0	0	−2	−2	−4	−4
3	6	+270	+140	+70	+46	+30	+20	+14	+10	+6	+4	0		+5	+6	+10	−1+Δ		−4+Δ	−4	−8+Δ	0
6	10	+280	+150	+80	+56	+40	+25	+18	+13	+8	+5	0		+5	+8	+12	−1+Δ		−6+Δ	−6	−10+Δ	0
10	14	+290	+150	+95		+50	+32		+16		+6	0		+6	+10	+15	−1+Δ		−7+Δ	−7	−12+Δ	0
14	18	+290	+150	+95		+50	+32		+16		+6	0		+6	+10	+15	−1+Δ		−7+Δ	−7	−12+Δ	0
18	24	+300	+160	+110		+65	+40		+20		+7	0		+8	+12	+20	−2+Δ		−8+Δ	−8	−15+Δ	0
24	30	+300	+160	+110		+65	+40		+20		+7	0		+8	+12	+20	−2+Δ		−8+Δ	−8	−15+Δ	0
30	40	+310	+170	+120		+80	+50		+25		+9	0		+10	+14	+24	−2+Δ		−9+Δ	−9	−17+Δ	0
40	50	+320	+180	+130		+80	+50		+25		+9	0		+10	+14	+24	−2+Δ		−9+Δ	−9	−17+Δ	0
50	65	+340	+190	+140		+100	+60		+30		+10	0		+13	+18	+28	−2+Δ		−11+Δ	−11	−20+Δ	0
65	80	+360	+200	+150		+100	+60		+30		+10	0		+13	+18	+28	−2+Δ		−11+Δ	−11	−20+Δ	0
80	100	+380	+220	+170		+120	+72		+36		+12	0		+16	+22	+34	−3+Δ		−13+Δ	−13	−23+Δ	0
100	120	+410	+240	+180		+120	+72		+36		+12	0		+16	+22	+34	−3+Δ		−13+Δ	−13	−23+Δ	0
120	140	+460	+260	+200		+145	+85		+43		+14	0		+18	+26	+41	−3+Δ		−15+Δ	−15	−27+Δ	0
140	160	+520	+280	+210		+145	+85		+43		+14	0		+18	+26	+41	−3+Δ		−15+Δ	−15	−27+Δ	0
160	180	+580	+310	+230		+145	+85		+43		+14	0		+18	+26	+41	−3+Δ		−15+Δ	−15	−27+Δ	0
180	200	+660	+340	+240		+170	+100		+50		+15	0		+22	+30	+47	−4+Δ		−17+Δ	−17	−31+Δ	0
200	225	+740	+380	+260		+170	+100		+50		+15	0		+22	+30	+47	−4+Δ		−17+Δ	−17	−31+Δ	0
225	250	+820	+420	+280		+170	+100		+50		+15	0		+22	+30	+47	−4+Δ		−17+Δ	−17	−31+Δ	0

基本偏差数值

公称尺寸/mm		A	B	C	CD	D	E	EF	F	FG	G	H	JS	J (IT6)	J (IT7)	J (IT8)	K (≤IT8)	K (>IT8)	M (≤IT8)	M (>IT8)	N (≤IT8)	N (>IT8)
大于	至					下极限偏差 EI（所有标准公差等级）								上极限偏差 ES								
250	280	+920	+480	+300		+190	+110		+56		+17	0	偏差 $=\pm\dfrac{IT_n}{2}$，式中 IT_n 是 IT 值数	+25	+36	+55	−4+Δ	0	−20+Δ	−20	−34+Δ	0
280	315	+1050	+540	+330																		
315	355	+1200	+600	+360		+210	+125		+62		+18	0		+29	+39	+60	−4+Δ	0	−21+Δ	−21	−37+Δ	0
355	400	+1350	+680	+400																		
400	450	+1500	+760	+440		+230	+135		+68		+20	0		+33	+43	+66	−5+Δ	0	−23+Δ	−23	−40+Δ	0
450	500	+1650	+840	+480																		
500	560					+260	+145		+76		+22	0					0		−26		−44	
560	630																					
630	710					+290	+160		+80		+24	0					0		−30		−50	
710	800																					
800	900					+320	+170		+86		+26	0					0		−34		−56	
900	1000																					
1000	1120					+350	+195		+98		+28	0					0		−40		−66	
1120	1250																					
1250	1400					+390	+220		+110		+30	0					0		−48		−78	
1400	1600																					
1600	1800					+430	+240		+120		+32	0					0		−58		−92	
1800	2000																					
2000	2240					+480	+260		+130		+34	0					0		−68		−110	
2240	2500																					
2500	2800					+520	+290		+145		+38	0					0		−76		−135	
2800	3150																					

基本偏差数值 上极限偏差 ES

注：≤IT7，P至ZC；标准公差等级大于IT7，在大于IT7的相应值上增加一个Δ值。

公称尺寸/mm		基本偏差数值 上极限偏差 ES（标准公差等级大于 IT7）												Δ值（标准公差等级）					
大于	至	P	R	S	T	U	V	X	Y	Z	ZA	ZB	ZC	IT3	IT4	IT5	IT6	IT7	IT8
—	3	−6	−10	−14		−18		−20		−26	−32	−40	−60	0	0	0	0	0	0
3	6	−12	−15	−19		−23		−28		−35	−42	−50	−80	1	1.5	1	3	4	6
6	10	−15	−19	−23		−28		−34		−42	−52	−67	−97	1	1.5	2	3	6	7
10	14	−18	−23	−28		−33		−40		−50	−64	−90	−130	1	2	3	3	7	9
14	18	−18	−23	−28		−33	−39	−45		−60	−77	−108	−150	1	2	3	3	7	9
18	24	−22	−28	−35		−41	−47	−54	−63	−73	−98	−136	−188	1.5	2	3	4	8	12
24	30	−22	−28	−35	−41	−48	−55	−64	−75	−88	−118	−160	−218	1.5	2	3	4	8	12
30	40	−26	−34	−43	−48	−60	−68	−80	−94	−112	−148	−200	−274	1.5	3	4	5	9	14
40	50	−26	−34	−43	−54	−70	−81	−97	−114	−136	−180	−242	−325	1.5	3	4	5	9	14
50	65	−32	−41	−53	−66	−87	−102	−122	−144	−172	−226	−300	−405	2	3	5	6	11	16
65	80	−32	−43	−59	−75	−102	−120	−146	−174	−210	−274	−360	−480	2	3	5	6	11	16
80	100	−37	−51	−71	−91	−124	−146	−178	−214	−258	−335	−445	−585	2	4	5	7	13	19
100	120	−37	−54	−79	−104	−144	−172	−210	−254	−310	−400	−525	−690	2	4	5	7	13	19
120	140	−43	−63	−92	−122	−170	−202	−248	−300	−365	−470	−620	−800	3	4	6	7	15	23
140	160	−43	−65	−100	−134	−190	−228	−280	−340	−415	−535	−700	−900	3	4	6	7	15	23
160	180	−43	−68	−108	−146	−210	−252	−310	−380	−465	−600	−780	−1000	3	4	6	7	15	23
180	200	−50	−77	−122	−166	−236	−284	−350	−425	−520	−670	−880	−1150	3	4	6	9	17	26
200	225	−50	−80	−130	−180	−258	−310	−385	−470	−575	−740	−960	−1250	3	4	6	9	17	26
225	250	−50	−84	−140	−196	−284	−340	−425	−520	−640	−820	−1050	−1350	3	4	6	9	17	26
250	280	−56	−94	−158	−218	−315	−385	−475	−580	−710	−920	−1200	−1550	4	4	7	9	20	29
280	315	−56	−98	−170	−240	−350	−425	−525	−650	−790	−1000	−1300	−1700	4	4	7	9	20	29
315	355	−62	−108	−190	−268	−390	−475	−590	−730	−900	−1150	−1500	−1900	4	5	7	11	21	32
355	400	−68	−114	−208	−294	−435	−530	−660	−820	−1000	−1300	−1650	−2100	4	5	7	11	21	32

公称尺寸/mm		基本偏差数值 上极限偏差 ES													Δ值 标准公差等级					
		标准公差等级大于 IT7																		
大于	至	≤IT7 P至ZC	P	R	S	T	U	V	X	Y	Z	ZA	ZB	ZC	IT3	IT4	IT5	IT6	IT7	IT8
400	450		−78	−126	−232	−330	−490	−595	−740	−920	−1100	−1450	−1850	−2400	5	5	7	13	23	34
450	500			−132	−252	−360	−540	−660	−820	−1000	−1250	−1600	−2100	−2600						
500	560		−88	−150	−280	−400	−600													
560	630			−155	−310	−450	−660													
630	710		−100	−175	−340	−500	−740													
710	800	在大于 IT7 的相应值上增加一个 Δ值		−185	−380	−560	−840													
800	900		−120	−210	−430	−620	−940													
900	1000			−220	−470	−680	−1050													
1000	1120		−140	−250	−520	−780	−1150													
1120	1250			−260	−580	−840	−1300													
1250	1400		−170	−300	−640	−960	−1450													
1400	1600			−330	−720	−1050	−1600													
1600	1800		−195	−370	−820	−1200	−1850													
1800	2000			−400	−920	−1350	−2000													
2000	2240		−240	−440	−1000	−1500	−2300													
2240	2500			−460	−1100	−1650	−2500													
2500	2800			−550	−1250	−1900	−2900													
2800	3150			−580	−1400	−2100	−3200													

注：1. 公称尺寸小于或等于 1mm 时，基本偏差 A 和 B 及大于 IT8 的 N 均不采用。

2. 公差带 JS7 至 JS11，若 IT_n 值数是奇数，则取偏差 $=\pm\dfrac{IT_n-1}{2}$。

3. 对小于或等于 IT8 的 K、M、N 和小于或等于 IT7 的 P 至 ZC，所需 Δ值从表内右侧选取。
例如：18～30mm 段的 K7：$\Delta=8\mu m$，所以 ES$=-2+8=+6\mu m$。
18～30mm 段的 S6：$\Delta=4\mu m$，所以 ES$=-35+4=-31\mu m$。

4. 特殊情况：250～315mm 段的 M6，ES$=-9\mu m$（代替 $-11\mu m$）。

附表三　轴的极限偏差表

μm

公称尺寸/mm		公差带														
		a					b					c				
大于	至	公差等级														
		9	10	11	12	13	9	10	11	12	13	8	9	10	11	12
—	3	-270/-295	-270/-310	-270/-330	-270/-370	-270/-410	-140/-165	-140/-180	-140/-200	-140/-240	-140/-280	-60/-74	-60/-85	-60/-100	-60/-120	-60/-160
3	6	-270/-300	-270/-318	-270/-345	-270/-390	-270/-450	-140/-170	-140/-188	-140/-215	-140/-260	-140/-320	-70/-88	-70/-100	-70/-118	-70/-145	-70/-190
6	10	-280/-316	-280/-338	-280/-370	-280/-430	-280/-500	-150/-186	-150/-208	-150/-240	-150/-300	-150/-370	-80/-102	-80/-116	-80/-138	-80/-170	-80/-220
10	14	-290/-333	-290/-360	-290/-400	-290/-470	-290/-560	-150/-193	-150/-220	-150/-260	-150/-330	-150/-420	-95/-122	-95/-138	-95/-165	-95/-205	-95/-275
14	18	-290/-333	-290/-360	-290/-400	-290/-470	-290/-560	-150/-193	-150/-220	-150/-260	-150/-330	-150/-420	-95/-122	-95/-138	-95/-165	-95/-205	-95/-275
18	24	-300/-352	-300/-384	-300/-430	-300/-510	-300/-630	-160/-212	-160/-244	-160/-290	-160/-370	-160/-490	-110/-143	-110/-162	-110/-194	-110/-240	-110/-320
24	30	-300/-352	-300/-384	-300/-430	-300/-510	-300/-630	-160/-212	-160/-244	-160/-290	-160/-370	-160/-490	-110/-143	-110/-162	-110/-194	-110/-240	-110/-320
30	40	-310/-372	-310/-410	-310/-470	-310/-560	-310/-700	-170/-232	-170/-270	-170/-330	-170/-420	-170/-560	-120/-159	-120/-182	-120/-220	-120/-280	-120/-370
40	50	-320/-382	-320/-420	-320/-480	-320/-570	-320/-710	-180/-242	-180/-280	-180/-340	-180/-430	-180/-570	-130/-169	-130/-192	-130/-230	-130/-290	-130/-380
50	65	-340/-414	-340/-460	-340/-530	-340/-640	-340/-800	-190/-264	-190/-310	-190/-380	-190/-490	-190/-650	-140/-186	-140/-214	-140/-260	-140/-330	-140/-440
65	80	-360/-434	-360/-480	-360/-550	-360/-660	-360/-820	-200/-274	-200/-320	-200/-390	-200/-500	-200/-660	-150/-196	-150/-224	-150/-270	-150/-340	-150/-450
80	100	-380/-467	-380/-520	-380/-600	-380/-730	-380/-920	-220/-307	-220/-360	-220/-440	-220/-570	-220/-760	-170/-224	-170/-257	-170/-310	-170/-390	-170/-520

公差带　公差等级

公称尺寸/mm 大于	至	c 12	c 11	c 10	c 9	c 8	b 13	b 12	b 11	b 10	b 9	a 13	a 12	a 11	a 10	a 9
100	120	−180/−530	−180/−400	−180/−320	−180/−267	−180/−234	−240/−780	−240/−590	−240/−460	−240/−380	−240/−327	−410/−950	−410/−760	−410/−630	−410/−550	−410/−497
120	140	−200/−600	−200/−450	−200/−360	−200/−300	−200/−263	−260/−890	−260/−660	−260/−510	−260/−420	−260/−360	−460/−1090	−460/−860	−460/−710	−460/−620	−460/−560
140	160	−210/−610	−210/−460	−210/−370	−210/−310	−210/−273	−280/−910	−280/−680	−280/−530	−280/−440	−280/−380	−520/−1150	−520/−920	−520/−770	−520/−680	−520/−620
160	180	−230/−630	−230/−480	−230/−390	−230/−330	−230/−293	−310/−940	−310/−710	−310/−560	−310/−470	−310/−410	−580/−1210	−580/−980	−580/−830	−580/−740	−580/−680
180	200	−240/−700	−240/−530	−240/−425	−240/−355	−240/−312	−340/−1060	−340/−800	−340/−630	−340/−525	−340/−455	−660/−1380	−660/−1120	−660/−950	−660/−845	−660/−775
200	225	−260/−720	−260/−550	−260/−445	−260/−375	−260/−332	−380/−1100	−380/−840	−380/−670	−380/−565	−380/−495	−740/−1460	−740/−1200	−740/−1030	−740/−925	−740/−855
225	250	−280/−740	−280/−570	−280/−465	−280/−395	−280/−352	−420/−1140	−420/−880	−420/−710	−420/−605	−420/−535	−820/−1540	−820/−1280	−820/−1110	−820/−1005	−820/−935
250	280	−300/−820	−300/−620	−300/−510	−300/−430	−300/−381	−480/−1290	−480/−1000	−480/−800	−480/−690	−480/−610	−920/−1730	−920/−1440	−920/−1240	−920/−1130	−920/−1050
280	315	−330/−850	−330/−650	−330/−540	−330/−460	−330/−411	−540/−1350	−540/−1060	−540/−860	−540/−750	−540/−670	−1050/−1860	−1050/−1570	−1050/−1370	−1050/−1260	−1050/−1180
315	355	−360/−930	−360/−720	−360/−590	−360/−500	−360/−449	−600/−1490	−600/−1170	−600/−960	−600/−830	−600/−740	−1200/−2090	−1200/−1770	−1200/−1560	−1200/−1430	−1200/−1340
355	400	−400/−970	−400/−760	−400/−630	−400/−540	−400/−489	−680/−1570	−680/−1250	−680/−1040	−680/−910	−680/−820	−1350/−2240	−1350/−1920	−1350/−1710	−1350/−1580	−1350/−1490
400	450	−440/−1070	−440/−840	−440/−690	−440/−595	−440/−537	−760/−1730	−760/−1390	−760/−1160	−760/−1010	−760/−915	−1500/−2470	−1500/−2130	−1500/−1900	−1500/−1750	−1500/−1655
450	500	−480/−1110	−480/−880	−480/−730	−480/−635	−480/−577	−840/−1810	−840/−1470	−840/−1240	−840/−1090	−840/−995	−1650/−2620	−1650/−2280	−1650/−2050	−1650/−1900	−1650/−1805

| 公称尺寸/mm | | 公差带 公差等级 | | | | | | | | | | | | | |
| 大于 | 至 | c | d | | | | | e | | | | | f | | |
		13	7	8	9	10	11	6	7	8	9	10	5	6	7
—	3	-60/-200	-20/-30	-20/-34	-20/-45	-20/-60	-20/-80	-14/-20	-14/-24	-14/-28	-14/-39	-14/-54	-6/-10	-6/-12	-6/-16
3	6	-70/-250	-30/-42	-30/-48	-30/-60	-30/-78	-30/-105	-20/-28	-20/-32	-20/-38	-20/-50	-20/-68	-10/-15	-10/-18	-10/-22
6	10	-80/-300	-40/-55	-40/-62	-40/-76	-40/-98	-40/-130	-25/-34	-25/-40	-25/-47	-25/-61	-25/-83	-13/-19	-13/-22	-13/-28
10	14	-95/-365	-50/-68	-50/-77	-50/-93	-50/-120	-50/-160	-32/-43	-32/-50	-32/-59	-32/-75	-32/-102	-16/-24	-16/-27	-16/-34
14	18	-95/-365	-50/-68	-50/-77	-50/-93	-50/-120	-50/-160	-32/-43	-32/-50	-32/-59	-32/-75	-32/-102	-16/-24	-16/-27	-16/-34
18	24	-110/-440	-65/-86	-65/-98	-65/-117	-65/-149	-65/-195	-40/-53	-40/-61	-40/-73	-40/-92	-40/-124	-20/-29	-20/-33	-20/-41
24	30	-110/-440	-65/-86	-65/-98	-65/-117	-65/-149	-65/-195	-40/-53	-40/-61	-40/-73	-40/-92	-40/-124	-20/-29	-20/-33	-20/-41
30	40	-120/-510	-80/-105	-80/-119	-80/-142	-80/-180	-80/-240	-50/-66	-50/-75	-50/-89	-50/-112	-50/-150	-25/-36	-25/-41	-25/-50
40	50	-130/-520	-80/-105	-80/-119	-80/-142	-80/-180	-80/-240	-50/-66	-50/-75	-50/-89	-50/-112	-50/-150	-25/-36	-25/-41	-25/-50
50	65	-140/-600	-100/-130	-100/-146	-100/-174	-100/-220	-100/-290	-60/-79	-60/-90	-60/-106	-60/-134	-60/-180	-30/-43	-30/-49	-30/-60
65	80	-150/-610	-100/-130	-100/-146	-100/-174	-100/-220	-100/-290	-60/-79	-60/-90	-60/-106	-60/-134	-60/-180	-30/-43	-30/-49	-30/-60
80	100	-170/-710	-120/-155	-120/-174	-120/-207	-120/-260	-120/-340	-72/-94	-72/-107	-72/-126	-72/-159	-72/-212	-36/-51	-36/-58	-36/-71
100	120	-180/-720	-120/-155	-120/-174	-120/-207	-120/-260	-120/-340	-72/-94	-72/-107	-72/-126	-72/-159	-72/-212	-36/-51	-36/-58	-36/-71
120	140	-200/-830	-145/-185	-145/-208	-145/-245	-145/-305	-145/-395	-85/-110	-85/-125	-85/-148	-85/-185	-85/-245	-43/-61	-43/-68	-43/-83
140	160	-210/-840	-145/-185	-145/-208	-145/-245	-145/-305	-145/-395	-85/-110	-85/-125	-85/-148	-85/-185	-85/-245	-43/-61	-43/-68	-43/-83
160	180	-230/-860	-145/-185	-145/-208	-145/-245	-145/-305	-145/-395	-85/-110	-85/-125	-85/-148	-85/-185	-85/-245	-43/-61	-43/-68	-43/-83

公称尺寸/mm 大于	至	公差带 c 13	d 7	d 8	d 9	d 10	d 11	e 6	e 7	e 8	e 9	e 10	f 5	f 6	f 7
180	200	−240 −960	−170 −216	−170 −242	−170 −285	−170 −355	−170 −460	−100 −129	−100 −146	−100 −172	−100 −215	−100 −285	−50 −70	−50 −79	−50 −96
200	225	−260 −980													
225	250	−280 −1000													
250	280	−300 −1110	−190 −242	−190 −271	−190 −320	−190 −400	−190 −510	−110 −142	−110 −162	−110 −191	−110 −240	−110 −320	−56 −79	−56 −88	−56 −108
280	315	−330 −1140													
315	355	−360 −1250	−210 −267	−210 −299	−210 −350	−210 −440	−210 −570	−125 −161	−125 −182	−125 −214	−125 −265	−125 −355	−62 −87	−62 −98	−62 −119
355	400	−400 −1290													
400	450	−440 −1410	−230 −293	−230 −327	−230 −385	−230 −480	−230 −630	−135 −175	−135 −198	−135 −232	−135 −290	−135 −385	−68 −95	−68 −108	−68 −131
450	500	−480 −1450													

续表

| 公称尺寸/mm | | 公差带 f | | 公差带 g | | | | | 公差带 h | | | | | |
大于	至	8	9	4	5	6	7	8	1	2	3	4	5	6
—	3	−6 / −20	−6 / −31	−2 / −5	−2 / −6	−2 / −8	−2 / −12	−2 / −16	0 / −0.8	0 / −1.2	0 / −2	0 / −3	0 / −4	0 / −6
3	6	−10 / −28	−10 / −40	−4 / −8	−4 / −9	−4 / −12	−4 / −16	−4 / −22	0 / −1	0 / −1.5	0 / −2.5	0 / −3	0 / −5	0 / −8
6	10	−13 / −35	−13 / −49	−5 / −9	−5 / −11	−5 / −14	−5 / −20	−5 / −27	0 / −1	0 / −1.5	0 / −2.5	0 / −4	0 / −6	0 / −9
10	14	−16 / −43	−16 / −59	−6 / −11	−6 / −14	−6 / −17	−6 / −24	−6 / −33	0 / −1.2	0 / −2	0 / −3	0 / −5	0 / −8	0 / −11
14	18	−16 / −43	−16 / −59	−6 / −11	−6 / −14	−6 / −17	−6 / −24	−6 / −33	0 / −1.2	0 / −2	0 / −3	0 / −5	0 / −8	0 / −11
18	24	−20 / −53	−20 / −72	−7 / −13	−7 / −16	−7 / −20	−7 / −28	−7 / −40	0 / −1.5	0 / −2.5	0 / −4	0 / −6	0 / −9	0 / −13
24	30	−20 / −53	−20 / −72	−7 / −13	−7 / −16	−7 / −20	−7 / −28	−7 / −40	0 / −1.5	0 / −2.5	0 / −4	0 / −6	0 / −9	0 / −13
30	40	−25 / −64	−25 / −87	−9 / −16	−9 / −20	−9 / −25	−9 / −34	−9 / −48	0 / −1.5	0 / −2.5	0 / −4	0 / −7	0 / −11	0 / −16
40	50	−25 / −64	−25 / −87	−9 / −16	−9 / −20	−9 / −25	−9 / −34	−9 / −48	0 / −1.5	0 / −2.5	0 / −4	0 / −7	0 / −11	0 / −16
50	65	−30 / −76	−30 / −104	−10 / −18	−10 / −23	−10 / −29	−10 / −40	−10 / −50	0 / −2	0 / −3	0 / −5	0 / −8	0 / −13	0 / −19
65	80	−30 / −76	−30 / −104	−10 / −18	−10 / −23	−10 / −29	−10 / −40	−10 / −50	0 / −2	0 / −3	0 / −5	0 / −8	0 / −13	0 / −19
80	100	−36 / −90	−36 / −123	−12 / −22	−12 / −27	−12 / −34	−12 / −47	−12 / −66	0 / −2.5	0 / −4	0 / −6	0 / −10	0 / −15	0 / −22
100	120	−36 / −90	−36 / −123	−12 / −22	−12 / −27	−12 / −34	−12 / −47	−12 / −66	0 / −2.5	0 / −4	0 / −6	0 / −10	0 / −15	0 / −22

| 公称尺寸 /mm | | 公差带 | | | | | | | | | | | | |
| 大于 | 至 | f | | g | | | | | h | | | | | |
		8	9	4	5	6	7	8	1	2	3	4	5	6
120	140	−43 −106	−43 −143	−14 −26	−14 −32	−14 −39	−14 −54	−14 −77	0 −3.5	0 −5	0 −8	0 −12	0 −18	0 −25
140	160	−43 −106	−43 −143	−14 −26	−14 −32	−14 −39	−14 −54	−14 −77	0 −3.5	0 −5	0 −8	0 −12	0 −18	0 −25
160	180	−43 −106	−43 −143	−14 −26	−14 −32	−14 −39	−14 −54	−14 −77	0 −3.5	0 −5	0 −8	0 −12	0 −18	0 −25
180	200	−50 −122	−50 −165	−15 −29	−15 −35	−15 −41	−15 −61	−15 −87	0 −4.5	0 −7	0 −10	0 −14	0 −20	0 −29
200	225	−50 −122	−50 −165	−15 −29	−15 −35	−15 −41	−15 −61	−15 −87	0 −4.5	0 −7	0 −10	0 −14	0 −20	0 −29
225	250	−50 −122	−50 −165	−15 −29	−15 −35	−15 −41	−15 −61	−15 −87	0 −4.5	0 −7	0 −10	0 −14	0 −20	0 −29
250	280	−56 −137	−56 −186	−17 −33	−17 −40	−17 −49	−17 −69	−17 −98	0 −6	0 −8	0 −12	0 −16	0 −23	0 −32
280	315	−56 −137	−56 −186	−17 −33	−17 −40	−17 −49	−17 −69	−17 −98	0 −6	0 −8	0 −12	0 −16	0 −23	0 −32
315	355	−62 −151	−62 −202	−18 −36	−18 −43	−18 −54	−18 −75	−18 −107	0 −7	0 −9	0 −13	0 −18	0 −25	0 −36
355	400	−62 −151	−62 −202	−18 −36	−18 −43	−18 −54	−18 −75	−18 −107	0 −7	0 −9	0 −13	0 −18	0 −25	0 −36
400	450	−68 −165	−68 −223	−20 −40	−20 −47	−20 −60	−20 −83	−20 −117	0 −8	0 −10	0 −15	0 −20	0 −27	0 −40
450	500	−68 −165	−68 −223	−20 −40	−20 −47	−20 −60	−20 −83	−20 −117	0 −8	0 −10	0 −15	0 −20	0 −27	0 −40

公称尺寸/mm		公差带												
		公差等级												
		h							j			js		
大于	至	7	8	9	10	11	12	13	5	6	7	1	2	3
—	3	0 / −10	0 / −14	0 / −25	0 / −40	0 / −60	0 / −100	0 / −140	—	+4 / −2	+6 / −4	±0.4	±0.6	±1
3	6	0 / −12	0 / −18	0 / −30	0 / −48	0 / −75	0 / −120	0 / −180	+3 / −2	+6 / −2	+8 / −4	±0.5	±0.75	±1.25
6	10	0 / −15	0 / −22	0 / −36	0 / −58	0 / −90	0 / −150	0 / −220	+4 / −2	+7 / −2	+10 / −5	±0.5	±0.75	±1.25
10	14	0 / −18	0 / −27	0 / −43	0 / −70	0 / −110	0 / −180	0 / −270	+5 / −3	+8 / −3	+12 / −6	±0.6	±1	±1.5
14	18	0 / −18	0 / −27	0 / −43	0 / −70	0 / −110	0 / −180	0 / −270	+5 / −3	+8 / −3	+12 / −6	±0.6	±1	±1.5
18	24	0 / −21	0 / −33	0 / −52	0 / −84	0 / −130	0 / −210	0 / −330	+5 / −4	+9 / −4	+13 / −8	±0.75	±1.25	±2
24	30	0 / −21	0 / −33	0 / −52	0 / −84	0 / −130	0 / −210	0 / −330	+5 / −4	+9 / −4	+13 / −8	±0.75	±1.25	±2
30	40	0 / −25	0 / −39	0 / −62	0 / −100	0 / −160	0 / −250	0 / −390	+6 / −5	+11 / −5	+15 / −10	±0.75	±1.25	±2
40	50	0 / −25	0 / −39	0 / −62	0 / −100	0 / −160	0 / −250	0 / −390	+6 / −5	+11 / −5	+15 / −10	±0.75	±1.25	±2
50	65	0 / −30	0 / −46	0 / −74	0 / −120	0 / −190	0 / −300	0 / −460	+6 / −7	+12 / −7	+18 / −12	±1	±1.5	±2.5
65	80	0 / −30	0 / −46	0 / −74	0 / −120	0 / −190	0 / −300	0 / −460	+6 / −7	+12 / −7	+18 / −12	±1	±1.5	±2.5
80	100	0 / −35	0 / −54	0 / −87	0 / −140	0 / −220	0 / −350	0 / −540	+6 / −9	+13 / −9	+20 / −15	±1.25	±2	±3
100	120	0 / −35	0 / −54	0 / −87	0 / −140	0 / −220	0 / −350	0 / −540	+6 / −9	+13 / −9	+20 / −15	±1.25	±2	±3

公称尺寸/mm		公差带												
		h							j			js		
大于	至	7	8	9	10	11	12	13	5	6	7	1	2	3
120	140	0 −40	0 −63	0 −100	0 −160	0 −250	0 −400	0 −630	+7 −11	+14 −11	+22 −18	±1.75	±2.5	±4
140	160													
160	180													
180	200	0 −46	0 −72	0 −115	0 −185	0 −290	0 −460	0 −720	+7 −13	+16 −13	+25 −21	±2.25	±3.5	±5
200	225													
225	250													
250	280	0 −52	0 −81	0 −130	0 −210	0 −320	0 −520	0 −810	+7 −16	—	—	±3	±4	±6
280	315													
315	355	0 −57	0 −89	0 −140	0 −230	0 −360	0 −570	0 −890	+7 −18	—	+29 −28	±3.5	±4.5	±6.5
355	400													
400	450	0 −63	0 −97	0 −155	0 −250	0 −400	0 −630	0 −970	+7 −20	—	+31 −32	±4	±5	±7.5
450	500													

公称尺寸 /mm		公差带											
		js										k	
大于	至	4	5	6	7	8	9	10	11	12	13	4	5
—	3	±1.5	±2	±3	±5	±7	±12	±20	±30	±50	±70	+3 / 0	+4 / 0
3	6	±2	±2.5	±4	±6	±9	±15	±24	±37	±60	±90	+5 / +1	+6 / +1
6	10	±2	±3	±4.5	±7	±11	±18	±29	±45	±75	±110	+5 / +1	+7 / +1
10	14	±2.5	±4	±5.5	±9	±13	±21	±35	±55	±90	±135	+6 / +1	+9 / +1
14	18	±2.5	±4	±5.5	±9	±13	±21	±35	±55	±90	±135	+6 / +1	+9 / +1
18	24	±3	±4.5	±6.5	±10	±16	±26	±42	±65	±105	±165	+8 / +2	+11 / +2
24	30	±3	±4.5	±6.5	±10	±16	±26	±42	±65	±105	±165	+8 / +2	+11 / +2
30	40	±3.5	±5.5	±8	±12	±19	±31	±50	±80	±125	±195	+9 / +2	+13 / +2
40	50	±3.5	±5.5	±8	±12	±19	±31	±50	±80	±125	±195	+9 / +2	+13 / +2
50	65	±4	±6.5	±9.5	±15	±23	±37	±60	±95	±150	±230	+10 / +2	+15 / +2
65	80	±4	±6.5	±9.5	±15	±23	±37	±60	±95	±150	±230	+10 / +2	+15 / +2

公差等级

公称尺寸/mm		公差带											
		js										k	
大于	至	4	5	6	7	8	9	10	11	12	13	4	5
80	100	±5	±7.5	±11	±17	±27	±43	±70	±110	±175	±270	+13 +3	+18 +3
100	120	±5	±7.5	±11	±17	±27	±43	±70	±110	±175	±270	+13 +3	+18 +3
120	140	±6	±9	±12.5	±20	±31	±50	±80	±125	±200	±315	+15 +3	+21 +3
140	160	±6	±9	±12.5	±20	±31	±50	±80	±125	±200	±315	+15 +3	+21 +3
160	180	±6	±9	±12.5	±20	±31	±50	±80	±125	±200	±315	+15 +3	+21 +3
180	200	±7	±10	±14.5	±23	±36	±57	±92	±145	±230	±360	+18 +4	+24 +4
200	225	±7	±10	±14.5	±23	±36	±57	±92	±145	±230	±360	+18 +4	+24 +4
225	250	±7	±10	±14.5	±23	±36	±57	±92	±145	±230	±360	+18 +4	+24 +4
250	280	±8	±11.5	±16	±26	±40	±65	±105	±160	±200	±405	+20 +4	+27 +4
280	315	±8	±11.5	±16	±26	±40	±65	±105	±160	±200	±405	+20 +4	+27 +4
315	355	±9	±12.5	±18	±28	±44	±70	±115	±180	±285	±445	+22 +4	+29 +4
355	400	±9	±12.5	±18	±28	±44	±70	±115	±180	±285	±445	+22 +4	+29 +4
400	450	±10	±13.5	±20	±31	±48	±77	±125	±200	±315	±485	+25 +5	+32 +5
450	500	±10	±13.5	±20	±31	±48	±77	±125	±200	±315	±485	+25 +5	+32 +5

公称尺寸 /mm		公差带												
大于	至	k			m					n				
		6	7	8	4	5	6	7	8	4	5	6	7	8
—	3	+6 0	+10 0	+14 0	+5 +2	+6 +2	+8 +2	+12 +2	+16 +2	+7 +4	+8 +4	+10 +4	+14 +4	+18 +4
3	6	+9 +1	+13 +1	+18 0	+8 +4	+9 +4	+12 +4	+16 +4	+22 +4	+12 +8	+13 +8	+16 +8	+20 +8	+26 +8
6	10	+10 +1	+16 +1	+22 0	+10 +6	+12 +6	+15 +6	+21 +6	+28 +6	+14 +10	+16 +10	+19 +10	+25 +10	+32 +10
10	14	+12 +1	+19 +1	+27 0	+12 +7	+15 +7	+18 +7	+25 +7	+34 +7	+17 +12	+20 +12	+23 +12	+30 +12	+39 +12
14	18	+12 +1	+19 +1	+27 0	+12 +7	+15 +7	+18 +7	+25 +7	+34 +7	+17 +12	+20 +12	+23 +12	+30 +12	+39 +12
18	24	+15 +2	+23 +2	+33 0	+14 +8	+17 +8	+21 +8	+29 +8	+41 +8	+21 +15	+24 +15	+28 +15	+36 +15	+48 +15
24	30	+15 +2	+23 +2	+33 0	+14 +8	+17 +8	+21 +8	+29 +8	+41 +8	+21 +15	+24 +15	+28 +15	+36 +15	+48 +15
30	40	+18 +2	+27 +2	+39 0	+16 +9	+20 +9	+25 +9	+34 +9	+48 +9	+24 +17	+28 +17	+33 +17	+42 +17	+56 +17
40	50	+18 +2	+27 +2	+39 0	+16 +9	+20 +9	+25 +9	+34 +9	+48 +9	+24 +17	+28 +17	+33 +17	+42 +17	+56 +17
50	65	+21 +2	+32 +2	+46 0	+19 +11	+24 +11	+30 +11	+41 +11	+57 +11	+28 +20	+33 +20	+39 +20	+50 +20	+66 +20
65	80	+21 +2	+32 +2	+46 0	+19 +11	+24 +11	+30 +11	+41 +11	+57 +11	+28 +20	+33 +20	+39 +20	+50 +20	+66 +20

公称尺寸/mm		公差带												
		公差级												
		k			m					n				
大于	至	6	7	8	4	5	6	7	8	4	5	6	7	8
80	100	+25 +3	+38 +3	+54 0	+23 +13	+28 +13	+35 +13	+48 +13	+67 +13	+33 +23	+38 +23	+45 +23	+58 +23	+77 +23
100	120	+25 +3	+38 +3	+54 0	+23 +13	+28 +13	+35 +13	+48 +13	+67 +13	+33 +23	+38 +23	+45 +23	+58 +23	+77 +23
120	140	+28 +3	+43 +3	+63 0	+27 +15	+33 +15	+40 +15	+55 +15	+78 +15	+39 +27	+45 +27	+52 +27	+67 +27	+90 +27
140	160	+28 +3	+43 +3	+63 0	+27 +15	+33 +15	+40 +15	+55 +15	+78 +15	+39 +27	+45 +27	+52 +27	+67 +27	+90 +27
160	180	+28 +3	+43 +3	+63 0	+27 +15	+33 +15	+40 +15	+55 +15	+78 +15	+39 +27	+45 +27	+52 +27	+67 +27	+90 +27
180	200	+33 +4	+50 +4	+72 0	+31 +17	+37 +17	+46 +17	+63 +17	+89 +17	+45 +31	+51 +31	+60 +31	+77 +31	+103 +31
200	225	+33 +4	+50 +4	+72 0	+31 +17	+37 +17	+46 +17	+63 +17	+89 +17	+45 +31	+51 +31	+60 +31	+77 +31	+103 +31
225	250	+33 +4	+50 +4	+72 0	+31 +17	+37 +17	+46 +17	+63 +17	+89 +17	+45 +31	+51 +31	+60 +31	+77 +31	+103 +31
250	280	+36 +4	+56 +4	+81 0	+36 +20	+43 +20	+52 +20	+72 +20	+101 +20	+50 +34	+57 +34	+66 +34	+86 +34	+115 +34
280	315	+36 +4	+56 +4	+81 0	+36 +20	+43 +20	+52 +20	+72 +20	+101 +20	+50 +34	+57 +34	+66 +34	+86 +34	+115 +34
315	355	+40 +4	+61 +4	+89 0	+39 +21	+46 +21	+57 +21	+78 +21	+110 +21	+55 +37	+62 +37	+73 +37	+94 +37	+126 +37
355	400	+40 +4	+61 +4	+89 0	+39 +21	+46 +21	+57 +21	+78 +21	+110 +21	+55 +37	+62 +37	+73 +37	+94 +37	+126 +37
400	450	+45 +5	+68 +5	+97 0	+43 +23	+50 +23	+63 +23	+86 +23	+120 +23	+60 +40	+67 +40	+80 +40	+103 +40	+137 +40
450	500	+45 +5	+68 +5	+97 0	+43 +23	+50 +23	+63 +23	+86 +23	+120 +23	+60 +40	+67 +40	+80 +40	+103 +40	+137 +40

公称尺寸/mm		公差带												
		公差等级												
		p					r					s		
大于	至	4	5	6	7	8	4	5	6	7	8	4	5	6
—	3	+9/+6	+10/+6	+12/+6	+16/+6	+20/+6	+13/+10	+14/+10	+16/+10	+20/+10	+24/+10	+17/+14	+18/+14	+20/+14
3	6	+16/+12	+17/+12	+20/+12	+24/+12	+30/+12	+19/+15	+20/+15	+23/+15	+27/+15	+33/+15	+23/+19	+24/+19	+27/+19
6	10	+19/+15	+21/+15	+24/+15	+30/+15	+37/+15	+23/+19	+25/+19	+28/+19	+34/+19	+41/+19	+27/+23	+29/+23	+32/+23
10	14	+23/+18	+26/+18	+29/+18	+36/+18	+45/+18	+28/+23	+31/+23	+34/+23	+41/+23	+50/+23	+33/+28	+36/+28	+39/+28
14	18	+23/+18	+26/+18	+29/+18	+36/+18	+45/+18	+28/+23	+31/+23	+34/+23	+41/+23	+50/+23	+33/+28	+36/+28	+39/+28
18	24	+28/+22	+31/+22	+35/+22	+43/+22	+55/+22	+34/+28	+37/+28	+41/+28	+49/+28	+61/+28	+41/+35	+44/+35	+48/+35
24	30	+28/+22	+31/+22	+35/+22	+43/+22	+55/+22	+34/+28	+37/+28	+41/+28	+49/+28	+61/+28	+41/+35	+44/+35	+48/+35
30	40	+33/+26	+37/+26	+42/+26	+51/+26	+65/+26	+41/+34	+45/+34	+50/+34	+59/+34	+73/+34	+50/+43	+54/+43	+59/+43
40	50	+33/+26	+37/+26	+42/+26	+51/+26	+65/+26	+41/+34	+45/+34	+50/+34	+59/+34	+73/+34	+50/+43	+54/+43	+59/+43
50	65	+40/+32	+45/+32	+51/+32	+62/+32	+78/+32	+49/+41	+54/+41	+60/+41	+71/+41	+87/+41	+61/+53	+66/+53	+72/+53
65	80	+40/+32	+45/+32	+51/+32	+62/+32	+78/+32	+51/+43	+56/+43	+62/+43	+73/+43	+89/+43	+67/+59	+72/+59	+78/+59
80	100	+47/+37	+52/+37	+59/+37	+72/+37	+91/+37	+61/+51	+66/+51	+73/+51	+86/+51	+105/+51	+81/+71	+86/+71	+93/+71
100	120	+47/+37	+52/+37	+59/+37	+72/+37	+91/+37	+64/+54	+69/+54	+76/+54	+89/+54	+108/+54	+89/+79	+94/+79	+101/+79

续表

| 公称尺寸/mm | | 公差带 公差等级 | | | | | | | | | | | | |
大于	至	p4	p5	p6	p7	p8	r4	r5	r6	r7	r8	s4	s5	s6
120	140	+55 +43	+61 +43	+68 +43	+73 +43	+100 +43	+75 +63	+81 +63	+88 +63	+103 +63	+126 +63	+104 +92	+110 +92	+117 +92
140	160						+77 +65	+83 +65	+90 +65	+105 +65	+128 +65	+112 +100	+118 +100	+125 +100
160	180						+80 +68	+86 +68	+93 +68	+108 +68	+131 +68	+120 +108	+126 +108	+133 +108
180	200	+64 +50	+70 +50	+79 +50	+96 +50	+122 +50	+91 +77	+97 +77	+106 +77	+123 +77	+149 +77	+136 +122	+142 +122	+151 +122
200	225						+94 +80	+100 +80	+109 +80	+126 +80	+152 +80	+144 +130	+150 +130	+159 +130
225	250						+98 +84	+104 +84	+113 +84	+130 +84	+156 +84	+154 +140	+160 +140	+169 +140
250	280	+72 +56	+79 +56	+88 +56	+108 +56	+137 +56	+110 +94	+117 +94	+126 +94	+146 +94	+175 +94	+174 +158	+181 +158	+190 +158
280	315						+114 +98	+121 +98	+130 +98	+150 +98	+179 +98	+186 +170	+193 +170	+202 +170
315	355	+80 +62	+87 +62	+98 +62	+119 +62	+151 +62	+126 +108	+133 +108	+144 +108	+165 +108	+197 +108	+208 +190	+215 +190	+226 +190
355	400						+132 +114	+139 +114	+150 +114	+171 +114	+203 +114	+226 +208	+233 +208	+244 +208
400	450	+88 +68	+95 +68	+108 +68	+131 +68	+165 +68	+146 +126	+153 +126	+166 +126	+189 +126	+223 +126	+252 +232	+259 +232	+272 +232
450	500						+152 +132	+159 +132	+172 +132	+195 +132	+229 +132	+272 +252	+279 +252	+292 +252

续表

公称尺寸/mm		公差带													
大于	至	s		t				u				v		
		7	8	5	6	7	8	5	6	7	8	5	6	7
—	3	+24/+14	+28/+14	—	—	—	—	+22/+18	+24/+18	+28/+18	+32/+18	—	—	—
3	6	+31/+19	+37/+19	—	—	—	—	+28/+23	+31/+23	+35/+23	+41/+23	—	—	—
6	10	+38/+23	+45/+23	—	—	—	—	+34/+28	+37/+28	+43/+28	+50/+28	—	—	—
10	14	+46/+28	+55/+28	—	—	—	—	+41/+33	+44/+33	+51/+33	+60/+33	—	—	—
14	18	+46/+28	+55/+28	—	—	—	—	+41/+33	+44/+33	+51/+33	+60/+33	+47/+39	+50/+39	+57/+39
18	24	+56/+35	+68/+35	—	—	—	—	+50/+41	+54/+41	+62/+41	+74/+41	+56/+47	+60/+47	+68/+47
24	30	+56/+35	+68/+35	+50/+41	+54/+41	+62/+41	+74/+41	+57/+48	+61/+48	+69/+48	+81/+48	+64/+55	+68/+55	+76/+55
30	40	+68/+43	+82/+43	+59/+48	+64/+48	+73/+48	+87/+48	+71/+60	+76/+60	+85/+60	+99/+60	+79/+68	+84/+68	+93/+68
40	50	+68/+43	+82/+43	+65/+54	+70/+54	+79/+54	+93/+54	+81/+70	+86/+70	+95/+70	+109/+70	+92/+81	+97/+81	+106/+81
50	65	+83/+53	+90/+53	+79/+66	+85/+66	+96/+66	+112/+66	+100/+87	+106/+87	+117/+87	+133/+87	+115/+102	+121/+102	+132/+102
65	80	+89/+59	+105/+59	+88/+75	+94/+75	+105/+75	+121/+75	+115/+102	+121/+102	+132/+102	+148/+102	+133/+120	+139/+120	+150/+120
80	100	+106/+71	+125/+71	+106/+91	+113/+91	+126/+91	+145/+91	+139/+124	+146/+124	+159/+124	+178/+124	+161/+146	+168/+146	+181/+146
100	120	+114/+79	+133/+79	+119/+104	+126/+104	+139/+104	+158/+104	+159/+144	+166/+144	+179/+144	+198/+144	+187/+172	+194/+172	+207/+172

| 公称尺寸/mm | | 公差带 | | | | | | | | | | | | |
| 大于 | 至 | s | | t | | | | u | | | | v | | |
		7	8	5	6	7	8	5	6	7	8	5	6	7
120	140	+132 +92	+155 +92	+140 +122	+147 +122	+162 +122	+185 +122	+188 +170	+195 +170	+210 +170	+233 +170	+220 +202	+227 +202	+242 +202
140	160	+140 +100	+163 +100	+152 +134	+159 +134	+174 +134	+197 +134	+208 +190	+215 +190	+230 +190	+253 190	+246 +228	+253 +228	+268 +228
160	180	+148 +108	+171 +108	+164 +146	+171 +146	+186 +146	+209 +146	+228 +210	+235 +210	+250 +210	+273 +210	+270 +252	+277 +252	+292 +252
180	200	+168 +122	+194 +122	+186 +166	+195 +166	+212 +166	+238 +166	+256 +236	+265 +236	+282 +236	+308 +236	+304 +284	+313 +284	+330 +284
200	225	+176 +130	+202 +130	+200 +180	+209 +180	+226 +180	+252 +180	+278 +258	+287 +258	+304 +258	+330 +258	+330 +310	+339 +310	+356 +310
225	250	+186 +140	+212 +140	+216 +196	+225 +196	+242 +196	+268 +196	+304 +284	+313 +284	+330 +284	+356 +284	+360 +340	+369 +340	+386 +340
250	280	+210 +158	+239 +158	+241 +218	+250 +218	+270 +218	+299 +218	+338 +315	+347 +315	+367 +315	+396 +315	+408 +385	+417 +385	+437 +385
280	315	+222 +170	+251 +170	+263 +240	+272 +240	+292 +240	+321 +240	+373 +350	+382 +350	+402 +350	+431 +350	+448 +425	+457 +425	+477 +425
315	355	+247 +190	+279 +190	+293 +268	+304 +268	+325 +268	+357 +268	+415 +390	+426 +390	+447 +390	+479 +390	+500 +475	+511 +475	+532 +475
355	400	+265 +208	+297 +208	+319 +294	+330 +294	+351 +294	+383 +294	+460 +435	+471 +435	+492 +435	+524 +435	+555 +530	+566 +530	+587 +530
400	450	+295 +232	+329 +232	+357 +330	+370 +330	+393 +330	+427 +330	+517 +490	+530 +490	+553 +490	+587 +490	+622 +595	+635 +595	+658 +595
450	500	+315 +252	+349 +252	+387 +360	+400 +360	+423 +360	+457 +360	+567 +540	+580 +540	+603 +540	+637 +540	+687 +660	+700 +660	+723 +660

公称尺寸/mm		公差带												
		公差等级												
		v	x				y				z			
大于	至	8	5	6	7	8	5	6	7	8	5	6	7	8
—	3	—	+24 +20	+26 +20	+30 +20	+34 +20	—	—	—	—	+30 +26	+32 +26	+36 +26	+40 +26
3	6	—	+33 +28	+36 +28	+40 +28	+46 +28	—	—	—	—	+40 +35	+43 +35	+47 +35	+53 +35
6	10	—	+40 +34	+43 +34	+49 +34	+56 +34	—	—	—	—	+48 +42	+51 +42	+57 +42	+64 +42
10	14	—	+48 +40	+51 +40	+58 +40	+67 +40	—	—	—	—	+58 +50	+61 +50	+68 +50	+77 +50
14	18	+66 +39	+53 +45	+56 +45	+63 +45	+72 +45	—	—	—	—	+68 +60	+71 +60	+78 +60	+87 +60
18	24	+80 +47	+63 +54	+67 +54	+75 +54	+87 +54	+72 +63	+76 +63	+84 +63	+96 +63	+82 +73	+86 +73	+94 +73	+106 +73
24	30	+88 +55	+73 +64	+77 +64	+85 +64	+97 +64	+84 +75	+88 +75	+96 +75	+108 +75	+97 +88	+101 +88	+109 +88	+121 +88
30	40	+107 +68	+91 +80	+96 +80	+105 +80	+119 +80	+105 +94	+110 +94	+119 +94	+133 +94	+123 +112	+128 +112	+137 +112	+151 +112
40	50	+120 +81	+108 +97	+113 +97	+122 +97	+136 +97	+125 +114	+130 +114	+139 +114	+153 +114	+147 +136	+152 +136	+161 +136	+175 +136
50	65	+148 +102	+135 +122	+141 +122	+152 +122	+168 +122	+157 +144	+163 +144	+174 +144	+190 +144	+185 +172	+191 +172	+202 +172	+218 +172
65	80	+166 +120	+159 +146	+165 +146	+176 +146	+192 +146	+187 +174	+193 +174	+204 +174	+220 +174	+223 +210	+229 +210	+240 +210	+256 +210
80	100	+200 +146	+193 +178	+200 +178	+213 +178	+232 +178	+229 +214	+236 +214	+249 +214	+268 +214	+273 +258	+280 +258	+293 +258	+312 +258

公称尺寸/mm		公差带												
		v	x				y				z			
大于	至	8	5	6	7	8	5	6	7	8	5	6	7	8
100	120	+226 / +172	+225 / +210	+232 / +210	+245 / +210	+264 / +210	+269 / +254	+276 / +254	+289 / +254	+308 / +254	+325 / +310	+332 / +310	+345 / +310	+364 / +310
120	140	+265 / +202	+266 / +248	+273 / +248	+288 / +248	+311 / +248	+318 / +300	+325 / +300	+340 / +300	+368 / +300	+383 / +365	+390 / +365	+405 / +365	+428 / +365
140	160	+291 / +228	+298 / +280	+305 / +280	+320 / +280	+343 / +280	+358 / +340	+365 / +340	+380 / +340	+403 / +340	+433 / +415	+440 / +415	+455 / +415	+487 / +415
160	180	+315 / +252	+328 / +310	+335 / +310	+350 / +310	+373 / +310	+398 / +380	+405 / +380	+420 / +380	+443 / +380	+483 / +465	+490 / +465	+505 / +465	+528 / +465
180	200	+356 / +284	+370 / +350	+379 / +350	+396 / +350	+422 / +350	+445 / +425	+454 / +425	+471 / +425	+497 / +425	+540 / +520	+549 / +520	+566 / +520	+592 / +520
200	225	+382 / +310	+405 / +385	+414 / +385	+431 / +385	+457 / +385	+490 / +470	+499 / +470	+516 / +470	+542 / +470	+595 / +575	+604 / +575	+621 / +575	+647 / +575
225	250	+412 / +340	+445 / +425	+454 / +425	+471 / +425	+497 / +425	+540 / +520	+549 / +520	+566 / +520	+592 / +520	+660 / +640	+669 / +640	+686 / +640	+712 / +640
250	280	+466 / +385	+498 / +475	+507 / +475	+527 / +475	+556 / +475	+603 / +580	+612 / +580	+632 / +580	+661 / +580	+733 / +710	+742 / +710	+762 / +710	+791 / +710
280	315	+506 / +425	+548 / +525	+557 / +525	+577 / +525	+606 / +525	+673 / +650	+682 / +650	+702 / +650	+731 / +650	+813 / +790	+822 / +790	+842 / +790	+871 / +790
315	355	+564 / +475	+615 / +590	+626 / +590	+647 / +590	+679 / +590	+755 / +730	+766 / +730	+787 / +730	+819 / +730	+925 / +900	+936 / +900	+957 / +900	+989 / +900
355	400	+619 / +530	+685 / +660	+696 / +660	+717 / +660	+749 / +660	+845 / +820	+856 / +820	+877 / +820	+909 / +820	+1025 / +1000	+1036 / +1000	+1057 / +1000	+1089 / +1000
400	450	+692 / +595	+767 / +740	+780 / +740	+803 / +740	+837 / +740	+947 / +920	+960 / +920	+983 / +920	+1017 / +920	+1127 / +1100	+1140 / +1100	+1163 / +1100	+1197 / +1100
450	500	+757 / +660	+847 / +820	+860 / +820	+883 / +820	+917 / +820	+1027 / +1000	+1040 / +1000	+1063 / +1000	+1097 / +1000	+1277 / +1250	+1290 / +1250	+1313 / +1250	+1347 / +1250

注：公称尺寸小于 1mm 时，各级的 a 和 b 均不采用。

附表四　孔的极限偏差表

| 公称尺寸/mm | | 公差带 A | | | | 公差带 B | | | | 公差带 C | | | | |
大于	至	9	10	11	12	9	10	11	12	8	9	10	11	12
—	3	+295 +270	+310 +270	+330 +270	+370 +270	+165 +140	+180 +140	+200 +140	+240 +140	+74 +60	+85 +60	+100 +60	+120 +60	+160 +60
3	6	+300 +270	+318 +270	+345 +270	+390 +270	+170 +140	+188 +140	+215 +140	+260 +140	+88 +70	+100 +70	+118 +70	+145 +70	+190 +70
6	10	+316 +280	+338 +280	+370 +280	+430 +280	+186 +150	+208 +150	+240 +150	+300 +150	+102 +80	+116 +80	+138 +80	+170 +80	+230 +80
10	14	+333 +290	+360 +290	+400 +290	+470 +290	+193 +150	+220 +150	+260 +150	+330 +150	+122 +95	+138 +95	+165 +95	+205 +95	+275 +95
14	18	+333 +290	+360 +290	+400 +290	+470 +290	+193 +150	+220 +150	+260 +150	+330 +150	+122 +95	+138 +95	+165 +95	+205 +95	+275 +95
18	24	+352 +300	+384 +300	+430 +300	+510 +300	+212 +160	+244 +160	+290 +160	+370 +160	+143 +110	+162 +110	+194 +110	+240 +110	+320 +110
24	30	+352 +300	+384 +300	+430 +300	+510 +300	+212 +160	+244 +160	+290 +160	+370 +160	+143 +110	+162 +110	+194 +110	+240 +110	+320 +110
30	40	+372 +310	+410 +310	+470 +310	+560 +310	+232 +170	+270 +170	+330 +170	+420 +170	+159 +120	+182 +120	+220 +120	+280 +120	+370 +120
40	50	+382 +320	+420 +320	+480 +320	+570 +320	+242 +180	+280 +180	+340 +180	+430 +180	+169 +130	+192 +130	+230 +130	+290 +130	+380 +130
50	65	+414 +340	+460 +340	+530 +340	+640 +340	+264 +190	+310 +190	+380 +190	+490 +190	+186 +140	+214 +140	+260 +140	+330 +140	+440 +140
65	80	+434 +360	+480 +360	+550 +360	+660 +360	+274 +200	+320 +200	+390 +200	+500 +200	+196 +150	+224 +150	+270 +150	+340 +150	+450 +150
80	100	+467 +380	+520 +380	+600 +380	+730 +380	+307 +220	+360 +220	+440 +220	+570 +220	+224 +170	+257 +170	+310 +170	+390 +170	+520 +170
100	120	+497 +410	+550 +410	+630 +410	+760 +410	+327 +240	+380 +240	+460 +240	+590 +240	+234 +180	+267 +180	+320 +180	+400 +180	+530 +180

公称尺寸/mm		公差带												
		A				B				C				
大于	至	9	10	11	12	9	10	11	12	8	9	10	11	12
120	140	+560 / +460	+620 / +460	+710 / +460	+860 / +460	+360 / +260	+420 / +260	+510 / +260	+660 / +260	+263 / +200	+300 / +200	+360 / +200	+450 / +200	+600 / +200
140	160	+620 / +520	+680 / +520	+770 / +520	+920 / +520	+380 / +280	+440 / +280	+530 / +280	+680 / +280	+273 / +210	+310 / +210	+370 / +210	+460 / +210	+610 / +210
160	180	+680 / +580	+740 / +580	+830 / +580	+980 / +580	+410 / +310	+470 / +310	+560 / +310	+710 / +310	+293 / +230	+330 / +230	+390 / +230	+480 / +230	+630 / +230
180	200	+775 / +660	+845 / +660	+950 / +660	+1120 / +660	+455 / +340	+525 / +340	+630 / +340	+800 / +340	+312 / +240	+355 / +240	+425 / +240	+530 / +240	+700 / +240
200	225	+855 / +740	+925 / +740	+1030 / +740	+1200 / +740	+495 / +380	+565 / +380	+670 / +380	+840 / +380	+332 / +260	+375 / +260	+445 / +260	+550 / +260	+720 / +260
225	250	+935 / +820	+1005 / +820	+1110 / +820	+1280 / +820	+535 / +420	+605 / +420	+710 / +420	+880 / +420	+352 / +280	+395 / +280	+465 / +280	+570 / +280	+740 / +280
250	280	+1050 / +920	+1130 / +920	+1240 / +920	+1440 / +920	+610 / +480	+690 / +480	+800 / +480	+1000 / +480	+381 / +300	+430 / +300	+510 / +300	+620 / +300	+820 / +300
280	315	+1180 / +1050	+1260 / +1050	+1370 / +1050	+1570 / +1050	+670 / +540	+750 / +540	+860 / +540	+1060 / +540	+411 / +330	+460 / +330	+540 / +330	+650 / +330	+850 / +330
315	355	+1340 / +1200	+1430 / +1200	+1560 / +1200	+1770 / +1200	+740 / +600	+830 / +600	+960 / +600	+1170 / +600	+449 / +360	500 / +360	+590 / +360	+720 / +360	+930 / +360
355	400	+1490 / +1350	+1580 / +1350	+1710 / +1350	+1920 / +1350	+820 / +680	+910 / +680	+1040 / +680	+1250 / +680	+489 / +400	+540 / +400	+630 / +400	+760 / +400	+970 / +400
400	450	+1655 / +1500	+1750 / +1500	+1900 / +1500	+2130 / +1500	+915 / +760	+1010 / +760	+1160 / +760	+1390 / +760	+537 / +440	+595 / +440	+690 / +440	+840 / +440	+1070 / +440
450	500	+1805 / +1650	+1900 / +1650	+2050 / +1650	+2280 / +1650	+995 / +840	+1090 / +840	+1240 / +840	+1470 / +840	+577 / +480	+635 / +480	+730 / +480	+880 / +480	+1110 / +480

公称尺寸/mm		公差带												
		D					E				F			
大于	至	7	8	9	10	11	7	8	9	10	6	7	8	9
—	3	+30 +20	+34 +20	+45 +20	+60 +20	+80 +20	+24 +14	+28 +14	+39 +14	+54 +14	+12 +6	+16 +6	+20 +6	+31 +6
3	6	+42 +30	+48 +30	+60 +30	+78 +30	+105 +30	+32 +20	+38 +20	+50 +20	+68 +20	+18 +10	+22 +10	+28 +10	+40 +10
6	10	+55 +40	+62 +40	+76 +40	+98 +40	+130 +40	+40 +25	+47 +25	+61 +25	+83 +25	+22 +13	+28 +13	+35 +13	+49 +13
10	14	+68 +50	+77 +50	+93 +50	+120 +50	+160 +50	+50 +32	+59 +32	+75 +32	+102 +32	+27 +16	+34 +16	+43 +16	+59 +16
14	18	+68 +50	+77 +50	+93 +50	+120 +50	+160 +50	+50 +32	+59 +32	+75 +32	+102 +32	+27 +16	+34 +16	+43 +16	+59 +16
18	24	+86 +65	+98 +65	+117 +65	+149 +65	+195 +65	+61 +40	+73 +40	+92 +40	+124 +40	+33 +20	+41 +20	+53 +20	+72 +20
24	30	+86 +65	+98 +65	+117 +65	+149 +65	+195 +65	+61 +40	+73 +40	+92 +40	+124 +40	+33 +20	+41 +20	+53 +20	+72 +20
30	40	+105 +80	+119 +80	+142 +80	+180 +80	+240 +80	+75 +50	+89 +50	+112 +50	+150 +50	+41 +25	+50 +25	+64 +25	+87 +25
40	50	+105 +80	+119 +80	+142 +80	+180 +80	+240 +80	+75 +50	+89 +50	+112 +50	+150 +50	+41 +25	+50 +25	+64 +25	+87 +25
50	65	+130 +100	+146 +100	+174 +100	+220 +100	+290 +100	+90 +60	+106 +60	+134 +60	+180 +60	+49 +30	+60 +30	+76 +30	+104 +30
65	80	+130 +100	+146 +100	+174 +100	+220 +100	+290 +100	+90 +60	+106 +60	+134 +60	+180 +60	+49 +30	+60 +30	+76 +30	+104 +30

公称尺寸/mm		公差带（公差等级）												
		D					E				F			
大于	至	7	8	9	10	11	7	8	9	10	6	7	8	9
80	100	+155 +120	+174 +120	+207 +120	+260 +120	+340 +120	+107 +72	+126 +72	+159 +72	+212 +72	+58 +36	+71 +36	+90 +36	+123 +36
100	120	+155 +120	+174 +120	+207 +120	+260 +120	+340 +120	+107 +72	+126 +72	+159 +72	+212 +72	+58 +36	+71 +36	+90 +36	+123 +36
120	140	+185 +145	+208 +145	+245 +145	+305 +145	+395 +145	+125 +85	+148 +85	+185 +85	+245 +85	+68 +43	+83 +43	+106 +43	+143 +43
140	160	+185 +145	+208 +145	+245 +145	+305 +145	+395 +145	+125 +85	+148 +85	+185 +85	+245 +85	+68 +43	+83 +43	+106 +43	+143 +43
160	180	+185 +145	+208 +145	+245 +145	+305 +145	+395 +145	+125 +85	+148 +85	+185 +85	+245 +85	+68 +43	+83 +43	+106 +43	+143 +43
180	200	+216 +170	+242 +170	+285 +170	+355 +170	+460 +170	+146 +100	+172 +100	+215 +100	+285 +100	+79 +50	+96 +50	+122 +50	+165 +50
200	225	+216 +170	+242 +170	+285 +170	+355 +170	+460 +170	+146 +100	+172 +100	+215 +100	+285 +100	+79 +50	+96 +50	+122 +50	+165 +50
225	250	+216 +170	+242 +170	+285 +170	+355 +170	+460 +170	+146 +100	+172 +100	+215 +100	+285 +100	+79 +50	+96 +50	+122 +50	+165 +50
250	280	+242 +190	+271 +190	+320 +190	+400 +190	+510 +190	+162 +110	+191 +110	+240 +110	+320 +110	+88 +56	+108 +56	+137 +56	+186 +56
280	315	+242 +190	+271 +190	+320 +190	+400 +190	+510 +190	+162 +110	+191 +110	+240 +110	+320 +110	+88 +56	+108 +56	+137 +56	+186 +56
315	355	+267 +210	+299 +210	+350 +210	+440 +210	+570 +210	+182 +125	+214 +125	+265 +125	+355 +125	+98 +62	+119 +62	+151 +62	+202 +62
355	400	+267 +210	+299 +210	+350 +210	+440 +210	+570 +210	+182 +125	+214 +125	+265 +125	+355 +125	+98 +62	+119 +62	+151 +62	+202 +62
400	450	+293 +230	+327 +230	+385 +230	+480 +230	+630 +230	+198 +135	+232 +135	+290 +135	+385 +135	+108 +68	+131 +68	+165 +68	+223 +68
450	500	+293 +230	+327 +230	+385 +230	+480 +230	+630 +230	+198 +135	+232 +135	+290 +135	+385 +135	+108 +68	+131 +68	+165 +68	+223 +68

公称尺寸/mm		公差带													
		G				H									
大于	至	5	6	7	8	1	2	3	4	5	6	7	8	9
—	3	+6 / +2	+8 / +2	+12 / +2	+16 / +2	+0.8 / 0	+1.2 / 0	+2 / 0	+3 / 0	+4 / 0	+6 / 0	+10 / 0	+14 / 0	+25 / 0
3	6	+9 / +4	+12 / +4	+16 / +4	+22 / +4	+1 / 0	+1.5 / 0	+2.5 / 0	+4 / 0	+5 / 0	+8 / 0	+12 / 0	+18 / 0	+30 / 0
6	10	+11 / +5	+14 / +5	+20 / +5	+27 / +5	+1 / 0	+1.5 / 0	+2.5 / 0	+4 / 0	+6 / 0	+9 / 0	+15 / 0	+22 / 0	+36 / 0
10	14	+14 / +6	+17 / +6	+24 / +6	+33 / +6	+1.2 / 0	+2 / 0	+3 / 0	+5 / 0	+8 / 0	+11 / 0	+18 / 0	+27 / 0	+43 / 0
14	18	+14 / +6	+17 / +6	+24 / +6	+33 / +6	+1.2 / 0	+2 / 0	+3 / 0	+5 / 0	+8 / 0	+11 / 0	+18 / 0	+27 / 0	+43 / 0
18	24	+16 / +7	+20 / +7	+28 / +7	+40 / +7	+1.5 / 0	+2.5 / 0	+4 / 0	+6 / 0	+9 / 0	+13 / 0	+21 / 0	+33 / 0	+52 / 0
24	30	+16 / +7	+20 / +7	+28 / +7	+40 / +7	+1.5 / 0	+2.5 / 0	+4 / 0	+6 / 0	+9 / 0	+13 / 0	+21 / 0	+33 / 0	+52 / 0
30	40	+20 / +9	+25 / +9	+34 / +9	+48 / +9	+1.5 / 0	+2.5 / 0	+4 / 0	+7 / 0	+11 / 0	+16 / 0	+25 / 0	+39 / 0	+62 / 0
40	50	+20 / +9	+25 / +9	+34 / +9	+48 / +9	+1.5 / 0	+2.5 / 0	+4 / 0	+7 / 0	+11 / 0	+16 / 0	+25 / 0	+39 / 0	+62 / 0
50	65	+23 / +10	+29 / +10	+40 / +10	+56 / +10	+2 / 0	+3 / 0	+5 / 0	+8 / 0	+13 / 0	+19 / 0	+30 / 0	+46 / 0	+74 / 0
65	80	+23 / +10	+29 / +10	+40 / +10	+56 / +10	+2 / 0	+3 / 0	+5 / 0	+8 / 0	+13 / 0	+19 / 0	+30 / 0	+46 / 0	+74 / 0

公差带

公差等级

公称尺寸/mm

公称尺寸/mm 大于	至	G5	G6	G7	G8	H1	H2	H3	H4	H5	H6	H7	H8	H9
80	100	+27/+12	+34/+12	+47/+12	+66/+12	+2.5/0	+4/0	+6/0	+10/0	+15/0	+22/0	+35/0	+54/0	+87/0
100	120													
120	140	+32/+14	+39/+14	+54/+14	+77/+14	+3.5/0	+5/0	+8/0	+12/0	+18/0	+25/0	+40/0	+63/0	+100/0
140	160													
160	180													
180	200	+35/+15	+44/+15	+61/+15	+87/+15	+4.5/0	+7/0	+10/0	+14/0	+20/0	+29/0	+46/0	+72/0	+115/0
200	225													
225	250													
250	280	+40/+17	+49/+17	+69/+17	+98/+17	+6/0	+8/0	+12/0	+16/0	+23/0	+32/0	+52/0	+81/0	+130/0
280	315													
315	355	+43/+18	+54/+18	+75/+18	+107/+18	+7/0	+9/0	+13/0	+18/0	+25/0	+36/0	+57/0	+89/0	+140/0
355	400													
400	450	+47/+20	+62/+20	+83/+20	+117/+20	+8/0	+10/0	+15/0	+20/0	+27/0	+40/0	+63/0	+97/0	+155/0
450	500													

公称尺寸/mm		公差带												
		H				J			JS					
大于	至	10	11	12	13	6	7	8	1	2	3	4	5	6
—	3	+40 / 0	+60 / 0	+100 / 0	+140 / 0	+2 / −4	+4 / −6	+6 / −8	±0.4	±0.6	±1	±1.5	±2	±3
3	6	+48 / 0	+75 / 0	+120 / 0	+180 / 0	+5 / −3	—	+10 / −8	±0.5	±0.75	±1.25	±2	±2.5	±4
6	10	+58 / 0	+90 / 0	+150 / 0	+220 / 0	+5 / −4	+8 / −7	+12 / −10	±0.5	±0.75	±1.25	±2	±3	±4.5
10	14	+70 / 0	+110 / 0	+180 / 0	+270 / 0	+6 / −5	+10 / −8	+15 / −12	±0.6	±1	±1.5	±2.5	±4	±5.5
14	18	+70 / 0	+110 / 0	+180 / 0	+270 / 0	+6 / −5	+10 / −8	+15 / −12	±0.6	±1	±1.5	±2.5	±4	±5.5
18	24	+84 / 0	+130 / 0	+210 / 0	+330 / 0	+8 / −5	+12 / −9	+20 / −13	±0.75	±1.25	±2	±3	±4.5	±6.5
24	30	+84 / 0	+130 / 0	+210 / 0	+330 / 0	+8 / −5	+12 / −9	+20 / −13	±0.75	±1.25	±2	±3	±4.5	±6.5
30	40	+100 / 0	+160 / 0	+250 / 0	+390 / 0	+10 / −6	+14 / −11	+24 / −15	±0.75	±1.25	±2	±3.5	±5.5	±8
40	50	+100 / 0	+160 / 0	+250 / 0	+390 / 0	+10 / −6	+14 / −11	+24 / −15	±0.75	±1.25	±2	±3.5	±5.5	±8
50	65	+120 / 0	+190 / 0	+300 / 0	+460 / 0	+13 / −6	+18 / −12	+28 / −18	±1	±1.5	±2.5	±4	±6.5	±9.5
65	80	+120 / 0	+190 / 0	+300 / 0	+460 / 0	+13 / −6	+18 / −12	+28 / −18	±1	±1.5	±2.5	±4	±6.5	±9.5

续表

公称尺寸/mm		公差带												
		H				J			JS（公差等级）					
大于	至	10	11	12	13	6	7	8	1	2	3	4	5	6
80	100	+140 / 0	+220 / 0	+350 / 0	+540 / 0	+16 / −6	+22 / −13	+34 / −20	±1.25	±2	±3	±5	±7.5	±11
100	120													
120	140	+160 / 0	+250 / 0	+400 / 0	+630 / 0	+18 / −7	+26 / −14	+41 / −22	±1.75	±2.5	±4	±6	±9	±12.5
140	160													
160	180													
180	200	+185 / 0	+290 / 0	+460 / 0	+720 / 0	+22 / −7	+30 / −16	+47 / −25	±2.25	±3.5	±5	±7	±10	±14.5
200	225													
225	250													
250	280	+210 / 0	+320 / 0	+520 / 0	+810 / 0	+25 / −7	+36 / −16	+55 / −26	±3	±4	±6	±8	±11.5	±16
280	315													
315	355	+230 / 0	+360 / 0	+570 / 0	+890 / 0	+29 / −7	+39 / −18	+60 / −29	±3.5	±4.5	±6.5	±9	±12.5	±18
355	400													
400	450	+250 / 0	+400 / 0	+630 / 0	+970 / 0	+33 / −7	+43 / −20	+66 / −31	±4	±5	±7.5	±10	±13.5	±20
450	500													

公称尺寸/mm		公差带												
		公差等级												
		JS							K					M
大于	至	7	8	9	10	11	12	13	4	5	6	7	8	4
—	3	±5	±7	±12	±20	±30	±50	±70	0 / −3	0 / −4	0 / −6	0 / −10	0 / −14	−2 / −5
3	6	±6	±9	±15	±24	±37	±60	±90	+0.5 / −3.5	0 / −5	+2 / −6	+3 / −9	+5 / −13	−2.5 / −6.5
6	10	±7	±11	±18	±29	±45	±75	±110	+0.5 / −3.5	+1 / −5	+2 / −7	+5 / −10	+6 / −16	−4.5 / −8.5
10	14	±9	±13	±21	±35	±55	±90	±135	+1 / −4	+2 / −6	+2 / −9	+6 / −12	+8 / −19	−5 / −10
14	18	±9	±13	±21	±35	±55	±90	±135	+1 / −4	+2 / −6	+2 / −9	+6 / −12	+8 / −19	−5 / −10
18	24	±10	±16	±26	±42	±65	±105	±165	0 / −6	+1 / −8	+2 / −11	+6 / −15	+10 / −23	−6 / −12
24	30	±10	±16	±26	±42	±65	±105	±165	0 / −6	+1 / −8	+2 / −11	+6 / −15	+10 / −23	−6 / −12
30	40	±12	±19	±31	±50	±80	±125	±195	+1 / −6	+2 / −9	+3 / −13	+7 / −18	+12 / −27	−6 / −13
40	50	±12	±19	±31	±50	±80	±125	±195	+1 / −6	+2 / −9	+3 / −13	+7 / −18	+12 / −27	−6 / −13
50	65	±15	±23	±37	±60	±95	±150	±230	+1 / −7	+3 / −10	+4 / −15	+9 / −21	+14 / −32	−8 / −16
65	80	±15	±23	±37	±60	±95	±150	±230	+1 / −7	+3 / −10	+4 / −15	+9 / −21	+14 / −32	−8 / −16

公称尺寸/mm		JS							K					M
大于	至	7	8	9	10	11	12	13	4	5	6	7	8	4
80	100	±17	±27	±43	±70	±110	±175	±270	+1 / −9	+2 / −13	+4 / −18	+10 / −25	+16 / −38	−9 / −19
100	120	±17	±27	±43	±70	±110	±175	±270	+1 / −9	+2 / −13	+4 / −18	+10 / −25	+16 / −38	−9 / −19
120	140	±20	±31	±50	±80	±125	±200	±315	+1 / −11	+3 / −15	+4 / −21	+12 / −28	+20 / −43	−11 / −23
140	160	±20	±31	±50	±80	±125	±200	±315	+1 / −11	+3 / −15	+4 / −21	+12 / −28	+20 / −43	−11 / −23
160	180	±20	±31	±50	±80	±125	±200	±315	+1 / −11	+3 / −15	+4 / −21	+12 / −28	+20 / −43	−11 / −23
180	200	±23	±36	±57	±92	±145	±230	±360	0 / −14	+2 / −18	+5 / −24	+13 / −33	+22 / −50	−13 / −27
200	225	±23	±36	±57	±92	±145	±230	±360	0 / −14	+2 / −18	+5 / −24	+13 / −33	+22 / −50	−13 / −27
225	250	±23	±36	±57	±92	±145	±230	±360	0 / −14	+2 / −18	+5 / −24	+13 / −33	+22 / −50	−13 / −27
250	280	±26	±40	±65	±105	±160	±260	±405	0 / −16	+3 / −20	+5 / −27	+16 / −36	+25 / −56	−16 / −32
280	315	±26	±40	±65	±105	±160	±260	±405	0 / −16	+3 / −20	+5 / −27	+16 / −36	+25 / −56	−16 / −32
315	355	±28	±44	±70	±115	±180	±285	±445	+1 / −17	+3 / −22	+7 / −29	+17 / −40	+28 / −61	−16 / −34
355	400	±28	±44	±70	±115	±180	±285	±445	+1 / −17	+3 / −22	+7 / −29	+17 / −40	+28 / −61	−16 / −34
400	450	±31	±48	±77	±125	±200	±315	±485	0 / −20	+2 / −25	+8 / −32	+18 / −45	+29 / −68	−18 / −38
450	500	±31	±48	±77	±125	±200	±315	±485	0 / −20	+2 / −25	+8 / −32	+18 / −45	+29 / −68	−18 / −38

公差带　公差等级

公差带

公差等级

公称尺寸/mm		M				N					P			
大于	至	5	6	7	8	5	6	7	8	9	5	6	7	8
—	3	−2 −6	−2 −8	−2 −12	−2 −16	−4 −8	−4 −10	−4 −14	−4 −18	−4 −29	−6 −10	−6 −12	−6 −16	−6 −20
3	6	−3 −8	−1 −9	0 −12	+2 −16	−7 −12	−5 −13	−4 −16	−2 −20	0 −30	−11 −16	−9 −17	−8 −20	−12 −30
6	10	−4 −10	−3 −12	0 −15	+1 −21	−8 −14	−7 −16	−4 −19	−3 −25	0 −36	−13 −19	−12 −21	−9 −24	−15 −37
10	14	−4 −12	−4 −15	0 −18	+2 −25	−9 −17	−9 −20	−5 −23	−3 −30	0 −43	−15 −23	−15 −26	−11 −29	−18 −45
14	18	−4 −12	−4 −15	0 −18	+2 −25	−9 −17	−9 −20	−5 −23	−3 −30	0 −43	−15 −23	−15 −26	−11 −29	−18 −45
18	24	−5 −14	−4 −17	0 −21	+4 −29	−12 −21	−11 −24	−7 −28	−3 −36	0 −52	−19 −28	−18 −31	−14 −35	−22 −55
24	30	−5 −14	−4 −17	0 −21	+4 −29	−12 −21	−11 −24	−7 −28	−3 −36	0 −52	−19 −28	−18 −31	−14 −35	−22 −55
30	40	−5 −16	−4 −20	0 −25	+5 −34	−13 −24	−12 −28	−8 −33	−3 −42	0 −62	−22 −33	−21 −37	−17 −42	−26 −65
40	50	−5 −16	−4 −20	0 −25	+5 −34	−13 −24	−12 −28	−8 −33	−3 −42	0 −62	−22 −33	−21 −37	−17 −42	−26 −65
50	65	−6 −19	−5 −24	0 −30	+5 −41	−15 −28	−14 −33	−9 −39	−4 −50	0 −74	−27 −40	−26 −45	−21 −51	−32 −78
65	80	−6 −19	−5 −24	0 −30	+5 −41	−15 −28	−14 −33	−9 −39	−4 −50	0 −74	−27 −40	−26 −45	−21 −51	−32 −78

公差带

公差等级

公称尺寸/mm		M				N					P			
大于	至	5	6	7	8	5	6	7	8	9	5	6	7	8
80	100	−8 / −23	−6 / −28	0 / −35	+6 / −48	−18 / −33	−16 / −38	−10 / −45	−4 / −58	0 / −87	−32 / −47	−30 / −52	−24 / −59	−37 / −91
100	120	−9 / −27	−8 / −33	0 / −40	+8 / −55	−21 / −39	−20 / −45	−12 / −52	−4 / −67	0 / −100	−37 / −55	−36 / −61	−28 / −68	−43 / −106
120	140	−11 / −31	−8 / −37	0 / −46	+9 / −63	−25 / −45	−22 / −51	−14 / −60	−5 / −77	0 / −115	−44 / −64	−41 / −70	−33 / −79	−50 / −122
140	160	−13 / −36	−9 / −41	0 / −52	+9 / −72	−27 / −50	−25 / −57	−14 / −66	−5 / −86	0 / −130	−49 / −72	−47 / −79	−36 / −88	−56 / −137
160	180	−14 / −39	−10 / −46	0 / −57	+11 / −78	−30 / −55	−26 / −62	−16 / −73	−5 / 94	0 / −140	−55 / −80	−51 / 87	−41 / −98	−62 / −151
180	200	−16 / −43	−10 / −50	0 / −63	+11 / −86	−33 / −60	−27 / −67	−17 / −80	−6 / −103	0 / −155	−61 / −88	−55 / −95	−45 / −108	−68 / −165
200	225													
225	250													
250	280													
280	315													
315	355													
355	400													
400	450													
450	500													

公差带 / 公差等级

公称尺寸/mm 大于	至	P 9	R 5	R 6	R 7	R 8	S 5	S 6	S 7	S 8	T 6	T 7	U 6	U 8
—	3	−6/−31	−10/−14	−10/−16	−10/−20	−10/−24	−14/−18	−14/−20	−14/−24	−14/−28	—	—	−18/−24	—
3	6	−12/−42	−14/−19	−12/−20	−11/−23	−15/−33	−18/−23	−16/−24	−15/−27	−19/−37	—	—	−20/−28	—
6	10	−15/−51	−17/−23	−16/−25	−13/−28	−19/−41	−21/−27	−20/−29	−17/−32	−23/−45	—	—	−25/−34	—
10	14	−18/−61	−20/−28	−20/−31	−16/−34	−23/−50	−25/−33	−25/−36	−21/−39	−28/−55	—	—	−30/−41	—
14	18	−18/−61	−20/−28	−20/−31	−16/−34	−23/−50	−25/−33	−25/−36	−21/−39	−28/−55	—	—	−30/−41	—
18	24	−22/−74	−25/−34	−24/−37	−20/−41	−28/−61	−32/−41	−31/−44	−27/−48	−35/−68	—	—	−37/−50	—
24	30	−22/−74	−25/−34	−24/−37	−20/−41	−28/−61	−32/−41	−31/−44	−27/−48	−35/−68	−37/−50	−33/−54	−44/−57	−41/−74
30	40	−26/−88	−30/−41	−29/−45	−25/−50	−34/−73	−39/−50	−38/−54	−34/−59	−43/−82	−43/−59	−39/−64	−55/−71	−48/−87
40	50	−26/−88	−30/−41	−29/−45	−25/−50	−34/−73	−39/−50	−38/−54	−34/−59	−43/−82	−49/−65	−45/−70	−65/−81	−54/−93
50	65	−32/−106	−36/−49	−35/−54	−30/−60	−41/−87	−48/−61	−47/−66	−42/−72	−53/−99	−60/−79	−55/−85	−81/−100	−66/−112
65	80	−32/−106	−38/−51	−37/−56	−32/−62	−43/−89	−54/−67	−53/−72	−48/−78	−59/−105	−69/−88	−64/−94	−96/−115	−75/−121
80	100	−37/−124	−46/−61	−44/−66	−38/−73	−51/−105	−66/−81	−64/−86	−58/−93	−71/−125	−84/−106	−78/−113	−117/−139	−91/−145
100	120	−37/−124	−49/−64	−47/−69	−41/−76	−54/−108	−74/−89	−72/−94	−66/−101	−79/−133	−97/−119	−91/−126	−137/−159	−104/−158

| 公称尺寸/mm | | 公差带 | | | | | | | | | | | | | |
| 大于 | 至 | P | R | | | | S | | | | T | | | U |
		9	5	6	7	8	5	6	7	8	6	7	8	6
120	140	−43 −143	−57 −75	−56 −81	−48 −88	−63 −126	−86 −104	−85 −110	−77 −117	−92 −155	−115 −140	−107 −147	−122 −185	−163 −188
140	160		−59 −77	−58 −83	−50 −90	−65 −128	−94 −112	−93 −118	−85 −125	−100 −163	−127 −152	−119 −159	−134 −197	−183 −208
160	180		−62 −80	−61 −86	−53 −93	−68 −131	−102 −120	−101 −126	−93 −133	−108 −171	−139 −164	−131 −171	−146 −209	−203 −228
180	200	−50 −165	−71 −91	−68 −97	−60 −106	−77 −149	−116 −136	−113 −142	−105 −151	−122 −194	−157 −186	−149 −195	−166 −238	−227 −256
200	225		−74 −94	−71 −100	−63 −109	−80 −152	−124 −144	−121 −150	−113 −159	−130 −202	−171 −200	−163 −209	−180 −252	−249 −278
225	250		−78 −98	−75 −104	−67 −113	−84 −156	−134 −154	−131 −160	−123 −169	−140 −212	−187 −216	−179 −225	−196 −268	−275 −304
250	280	−56 −186	−87 −110	−85 −117	−74 −126	−94 −175	−151 −174	−149 −181	−138 −190	−158 −239	−209 −241	−198 −250	−218 −299	−306 −338
280	315		−91 −114	−89 −121	−78 −130	−98 −179	−163 −186	−161 −193	−150 −202	−170 −251	−231 −263	−220 −272	−240 −321	−341 −373
315	355	−62 −202	−101 −126	−97 −133	−87 −144	−108 −197	−183 −208	−179 −215	−169 −226	−190 −279	−257 −293	−247 −304	−268 −357	−379 −415
355	400		−107 −132	−103 −139	−93 −150	−114 −203	−201 −226	−197 −233	−187 −244	−208 −297	−283 −319	−273 −330	−294 −383	−424 −460
400	450	−68 −223	−119 −146	−113 −153	−103 −166	−126 −223	−225 −252	−219 −259	−209 −272	−232 −329	−317 −357	−307 −370	−330 −427	−477 −517
450	500		−125 −152	−119 −159	−109 −172	−132 −229	−245 −272	−239 −279	−229 −292	−252 −349	−347 −387	−337 −400	−360 −457	−527 −567

公差带

| 公称尺寸/mm | | U | | V | | | X | | | Y | | | Z | | |
大于	至	7	8	6	7	8	6	7	8	6	7	8	6	7	8
—	3	−18/−28	−18/−32	—	—	—	−20/−26	−20/−30	−20/−34	—	—	—	−26/−32	−26/−36	−26/−40
3	6	−19/−31	−23/−41	—	—	—	−25/−33	−24/−36	−28/−46	—	—	—	−32/−40	−31/−43	−35/−53
6	10	−22/−37	−28/−50	—	—	—	−31/−40	−28/−43	−34/−56	—	—	—	−39/−48	−36/−51	−42/−64
10	14	−26/−44	−33/−60	—	—	—	−37/−48	−33/−51	−40/−67	—	—	—	−47/−58	−43/−61	−50/−77
14	18	−26/−44	−33/−60	−36/−47	−32/−50	−39/−66	−42/−53	−38/−56	−45/−72	—	—	—	−57/−68	−53/−71	−60/−87
18	24	−33/−54	−41/−74	−43/−56	−39/−60	−47/−80	−50/−63	−46/−67	−54/−87	−59/−72	−55/−76	−63/−96	−69/−82	−65/−86	−73/−106
24	30	−40/−61	−48/−81	−51/−64	−47/−68	−55/−88	−60/−73	−56/−77	−64/−97	−71/−84	−67/−88	−75/−108	−84/−97	−80/−101	−88/−121
30	40	−51/−76	−60/−99	−63/−79	−59/−84	−68/−107	−75/−91	−71/−96	−80/−119	−89/−105	−85/−110	−94/−133	−107/−123	−103/−128	−112/−151
40	50	−61/−86	−70/−109	−76/−92	−72/−97	−81/−120	−92/−108	−88/−113	−97/−136	−109/−125	−105/−130	−114/−153	−131/−147	−127/−152	−136/−175
50	65	−76/−106	−87/−133	−96/−115	−91/−121	−102/−148	−116/−135	−111/−141	−122/−168	−138/−157	−133/−163	−144/−190	−166/−185	−161/191	−172/−218
65	80	−91/−121	−102/−148	−114/−133	−109/−139	−120/−166	−140/−159	−135/−165	−146/−192	−168/−187	−163/−193	−174/−220	−204/−223	−199/−229	−210/−256
80	100	−111/−146	−124/−178	−139/−161	−133/−168	−146/−200	−171/−193	−165/−200	−178/−232	−207/−229	−201/−236	−214/−268	−251/−273	−245/−280	−258/−312
100	120	−131/−166	−144/−198	−165/−187	−159/−194	−172/−226	−203/−225	−197/−232	−210/−264	−247/−269	−241/−276	−254/−308	−303/−325	−297/−332	−310/−364

公差等级

公差带 — 公差等级

公称尺寸/mm 大于	至	U 7	U 8	V 6	V 7	V 8	X 6	X 7	X 8	Y 6	Y 7	Y 8	Z 6	Z 7	Z 8
120	140	−155 −195	−170 −233	−195 −220	−187 −227	−202 −265	−241 −266	−233 −273	−248 −311	−293 −318	−285 −325	−300 −363	−358 −383	−350 −390	−365 −428
140	160	−175 −215	−190 −253	−221 −246	−213 −253	−228 −291	−273 −298	−265 −305	−280 −343	−333 −358	−325 −365	−340 −403	−408 −433	−400 −440	−415 −478
160	180	−195 −235	−210 −273	−245 −270	−237 −277	−252 −315	−303 −328	−295 −335	−310 −373	−373 −398	−365 −405	−380 −443	−458 −483	−450 −490	−465 −528
180	200	−219 −265	−236 −308	−275 −304	−267 −313	−284 −356	−341 −370	−333 −379	−350 −422	−416 −445	−408 −454	−425 −497	−511 −540	−503 −549	−520 −592
200	225	−241 −287	−258 −330	−301 −330	−293 −339	−310 −382	−376 −405	−368 −414	−385 −457	−461 −490	−453 −499	−470 −542	−566 −595	−558 −604	−575 −647
225	250	−267 −313	−284 −356	−331 −360	−323 −369	−340 −412	−416 −445	−408 −454	−425 −497	−511 −540	−503 −549	−520 −592	−631 −660	−623 −669	−640 −712
250	280	−295 −347	−315 −396	−376 −408	−365 −417	−385 −466	−466 −498	−455 −507	−475 −556	−571 −603	−560 −612	−580 −661	−701 −733	−690 −742	−710 −791
280	315	−330 −382	−350 −431	−416 −448	−405 −457	−425 −506	−516 −548	−505 −557	−525 −606	−641 −673	−630 −682	−650 −731	−781 −813	−770 −822	−790 −871
315	355	−369 −426	−390 −479	−464 −500	−454 −511	−475 −564	−579 −615	−560 −626	−590 −679	−719 −755	−709 −766	−730 −819	−889 −925	−879 −936	−900 −989
355	400	−414 −471	−435 −524	−519 −555	−509 −566	−530 −619	−649 −685	−639 −696	−660 −749	−809 −845	−799 −856	−820 −909	−989 −1025	−979 −1036	−1000 −1089
400	450	−467 −530	−490 −587	−582 −622	−572 −635	−595 −692	−727 −767	−717 −780	−740 −837	−907 −947	−897 −969	−920 −1017	−1087 −1127	−1077 −1140	−1100 −1197
450	500	−517 −580	−540 −637	−647 −687	−637 −700	−660 −757	−807 −847	−797 −860	−820 −917	−987 −1027	−977 −1040	−1000 −1097	−1237 −1277	−1227 −1290	−1250 −1347

注：1 公称尺寸小于 1mm 时，各级的 A 和 B 均不采用。
2. 当公称尺寸大于 250 至 315mm 时，M6 的 ES 等于−9(不等于−11)。
3. 公称尺寸小于 1mm 时，大于 IT8 的 N 不采用。

附表五　普通螺纹偏差表（摘录）

μm

直径分段 D,d/mm		螺距 P/mm	内螺纹					外螺纹				
			公差带	中径 D_2		小径 D_1		公差带	中径 d_2		大径 d	
>	≤			ES	EI	ES	EI		es	ei	es	ei
5.5	11.2	1	5G	+144	+26	+216	+25	5g6g	−26	−116	−26	−206
			5H	+118	0	+190	0	5h4h	0	−90	0	−112
			5H6H	+118	0	+236	0	5h6h	0	−90	0	−180
			6G	+176	+26	+262	+26	6e	−60	−172	−60	−240
			6H	+150	0	+236	0	6f	−40	−152	−40	−220
			7G	+216	+26	+326	+26	6g	−26	−138	−26	−206
			7H	+190	0	+300	0	6h	0	−112	0	−180
								7g6g	−26	−166	−26	−206
								7h6h	0	−140	0	−180
								8g	−26	−206	−26	−306
								8h	0	−180	0	−280
		1.25	4H	+100	0	+170	0	3h4h	0	−60	0	−132
			4H5H	+100	0	+212	0	4h	0	−75	0	−132
			5G	+153	+28	+240	+28	5g6g	−28	−123	−28	−240
			5H	+125	0	+212	0	5h4h	0	−95	0	−132
			5H6H	+125	0	+265	0	5h6h	0	−95	0	−212
			6G	+188	+28	+293	+28	6e	−63	−181	−63	−275
			6H	+160	0	+265	0	6f	−42	−160	−42	−254
			7G	+228	+28	+363	+28	6g	−28	−146	−28	−240
			7H	+200	0	+335	0	6h	0	−118	0	−212
								7g6g	−28	−178	−28	−240
								7h6h	0	−150	0	−212
								8g	−28	−218	−28	−363
								8h	0	−190	0	−335
		1.5	4H	+112	0	+190	0	3h4h	0	−67	0	−150
			4H5H	+112	0	+236	0	4h	0	−85	0	−150
			5G	+172	+32	+268	+32	5g6g	−32	−138	−32	−268
			5H	+140	0	+236	0	5h4h	0	−106	0	−150
			5H6H	+140	0	+300	0	5h6h	0	−106	0	−236
			6G	+212	+32	+332	+32	6e	−67	−199	−67	−303
			6H	+180	0	+300	0	6f	−45	−177	−45	−281
			7G	+256	+32	407	+32	6g	−32	−164	−32	−268
			7H	+224	0	+375	0	6h	0	−132	0	−236
								7g6g	−32	−202	−32	−268
								7h6h	0	−170	0	−236
								8g	−32	−244	−32	−407
								8h	0	−212	0	−375

直径分段 D,d/mm		螺距 P /mm	内螺纹					外螺纹				
>	≤		公差带	中径 D_2		小径 D_1		公差带	中径 d_2		大径 d	
				ES	EI	ES	EI		es	ei	es	ei
11.2	22.4	1	4H	+100	0	+150	0	3h4h	0	-60	0	-112
			4H5H	+100	0	+190	0	4h	0	-75	0	-112
			5G	+151	+26	+216	+26	5g6g	-26	-121	-26	-206
			5H	+125	0	+190	0	5h4h	0	-95	0	-112
			5H6H	+125	0	+236	0	5h6h	0	-95	0	-180
			6G	+186	+26	+262	+26	6e	-60	-178	-60	-240
			6H	+160	0	+236	0	6f	-40	-158	-40	-220
			7G	+226	+26	+326	+26	6g	-26	-144	-26	-206
			7H	+200	0	+300	0	6h	0	-118	0	-180
								7g6g	-26	-176	-26	-206
								7h6h	0	-150	0	-180
								8g	-26	-216	-26	-306
								8h	0	-190	0	-280
		1.25	4H	+112	0	+170	0	3h4h	0	-67	0	-132
			4H5H	+112	0	+212	0	4h	0	-85	0	-132
			5G	+168	+28	+240	+28	5g6g	-28	-134	-28	-240
			5H	+140	0	+212	0	5h4h	0	-106	0	-132
			5H6H	+140	0	+265	0	5h6h	0	-106	0	-212
			6G	+208	+28	+293	+28	6e	-63	-195	-63	-275
			6H	+180	0	+265	0	6f	-42	-174	-42	-254
			7G	+252	+28	+363	+28	6g	-28	-160	-28	-240
			7H	+224	0	+335	0	6h	0	-132	0	-212
								7g6g	-28	-198	-28	-240
								7h6h	0	-170	0	-212
								8g	-28	-240	-28	-363
								8h	0	-212	0	-335
		1.5	4H	+118	0	+190	0	3h4h	0	-71	0	-150
			4H5H	+118	0	+236	0	4h	0	-90	0	-150
			5G	+182	+32	+268	+32	5g6g	-32	-144	-32	-268
			5H	+150	0	+236	0	5h4h	0	-112	0	-150
			5H6H	+150	0	+300	0	5h6h	0	-112	0	-236
			6G	+222	+32	+332	+32	6e	-67	-207	-67	-303
			6H	+190	0	+300	0	6f	-45	-185	-45	-281
			7G	+268	+32	+407	+32	6g	-32	-172	-32	-268
			7H	+236	0	+375	0	6h	0	-140	0	-236
								7g6g	-32	-212	-32	-268
								7h6h	0	-180	0	-236
								8g	-32	-256	-32	-407
								8h	0	-224	0	-375

直径分段 D,d/mm		螺距 P /mm	内螺纹					外螺纹				
			公差带	中径 D_2		小径 D_1		公差带	中径 d_2		大径 d	
>	≤			ES	EI	ES	EI		es	ei	es	ei
11.2	22.4	1.75	4H	+125	0	+212	0	3h4h	0	−75	0	−170
			4H5H	+125	0	+265	0	4h	0	−95	0	−170
			5G	+194	+34	+299	+34	5g6g	−34	−152	−34	−299
			5H	+160	0	+265	0	5h4h	0	−118	0	−170
			5H6H	+160	0	+335	0	5h6h	0	−118	0	−265
			6G	+234	+34	+369	+34	6e	−71	−221	−71	−336
			6H	+200	0	+335	0	6f	−48	−198	−48	−313
			7G	+284	+34	+459	+34	6g	−34	−184	−34	−299
			7H	+250	0	+425	0	6h	0	−150	0	−265
								7g6g	−34	−224	−34	−299
								7h6h	0	−190	0	−265
								8g	−34	−270	−34	−459
								8h	0	−236	0	−425
		2	4H	+132	0	+236	0	3h4h	0	−80	0	−180
			4H5H	+132	0	+300	0	4h	0	−100	0	−180
			5G	+208	+38	+338	+38	5g6g	−38	−163	−38	−318
			5H	+170	0	+300	0	5h4h	0	−125	0	−180
			5H6H	+170	0	+375	0	5h6h	0	−125	0	−280
			6G	+250	+38	+413	+38	6e	−71	−231	−71	−351
			6H	+212	0	+375	0	6f	−52	−212	−52	−332
			7G	+303	+38	+513	+38	6g	−38	−198	−38	−318
			7H	+265	0	+475	0	6h	0	−160	0	−280
								7g6g	−38	−238	−38	−318
								7h6h	0	−200	0	−280
								8g	−38	−288	−38	−488
								8h	0	−250	0	−450
		2.5	4H	+140	0	+280	0	3h4h	0	−85	0	−212
			4H5H	+140	0	+355	0	4h	0	−106	0	−212
			5G	+222	+42	+397	+42	5g6g	−42	−174	−42	−377
			5H	+180	0	+355	0	5h4h	0	−132	0	−212
			5H6H	+180	0	+450	0	5h6h	0	−132	0	−335
			6G	+266	+42	+492	+42	6e	−80	−250	−80	−415
			6H	+224	0	+450	0	6f	−58	−228	−58	−393
			7G	+322	+42	+602	+42	6g	−42	−212	−42	−377
			7H	+280	0	+560	0	6h	0	−170	0	−335
								7g6g	−42	−254	−42	−377
								7h6h	0	−212	0	−335
								8g	−42	−307	−42	−572
								8h	0	−265	0	−530

直径分段 D,d/mm		螺距 P /mm	内螺纹					外螺纹				
			公差带	中径 D_2		小径 D_1		公差带	中径 d_2		大径 d	
$>$	$\leqslant$			ES	EI	ES	EI		es	ei	es	ei
			4H	+106	0	+150	0	3h4h	0	−63	0	−112
			4H5H	+106	0	+190	0	4h	0	−80	0	−112
			5G	+158	+26	+216	+26	5g6g	−26	−126	−26	−206
			5H	+132	0	+190	0	5h4h	0	−100	0	−112
			5H6H	+132	0	+236	0	5h6h	0	−100	0	−180
			6G	+196	+26	+262	+26	6e	−60	−185	−60	−240
		1	6H	+170	0	+236	0	6f	−40	−165	−40	−220
			7G	+238	+26	+326	+26	6g	−26	−151	−26	−206
			7H	+212	0	+300	0	6h	0	−125	0	−180
								7g6g	−26	−186	−26	−206
								7h6h	0	−160	0	−180
								8g	−26	−226	−26	−306
22.4	45							8h	0	−200	0	−280
			4H	+125	0	+190	0	3h4h	0	−75	0	−150
			4H5H	+125	0	+236	0	4h	0	−95	0	−150
			5G	+192	+32	+268	+32	5g6g	−32	−150	−32	−268
			5H	+160	0	+236	0	5h4h	0	−118	0	−150
			5H6H	+160	0	+300	0	5h6h	0	−118	0	−236
		1.5	6G	+232	+32	+332	+32	6e	−67	−217	−67	−303
			6H	+200	0	+300	0	6f	−45	−195	−45	−281
			7G	+282	+32	+407	+32	6g	−32	−182	−32	−268
			7H	+250	0	+375	0	6h	0	−150	0	−236
								7g6g	−32	−222	−32	−268
								7h6h	0	−190	−0	−236
								8g	−32	−268	−32	−407

参 考 文 献

[1]　杨昌义. 极限配合与技术测量基础. 第 3 版. 北京：中国劳动社会保障出版社，2007.

[2]　宋文革. 极限配合与技术测量基础. 第 4 版. 北京：中国劳动社会保障出版社，2011.

[3]　乔元信. 公差配合与技术测量. 北京：中国劳动社会保障出版社，2006.

[4]　乔元信，王公安. 公差配合与技术测量. 第 2 版. 北京：中国劳动社会保障出版社，2011.

[5]　廖念钊. 互换性与测量技术基础. 第 3 版. 北京：中国计量出版社，2002.

[6]　任嘉卉，王永尧，刘念萌. 实用公差与配合技术手册. 北京：机械工业出版社，2014.

[7]　黄云清. 公差配合与测量技术. 第 3 版. 北京：机械工业出版社，2015.

[8]　刘霞. 公差配合与测量技术. 北京：机械工业出版社，2015.

[9]　刘东晓，徐建国. 公差配合与测量技术. 北京：化学工业出版社，2010.

[10]　商学来. 公差配合与测量技术. 北京：电子工业出版社，2012.

[11]　周超梅，刘丽华，王淑君. 公差配合与测量技术. 北京：化学工业出版社，2010.

[12]　商学来. 公差配合与测量技术. 北京：电子工业出版社，2012.

[13]　刘越. 公差配合与测量技术. 北京：化学工业出版社，2011.

[14]　张兆隆，张晓芳. 公差配合与测量技术. 北京：机械工业出版社，2015.